公园城市系列丛书

公园城市系列丛书

城市生态修复工程案例集

住房和城乡建设部城市建设司

住房和城乡建设部科技与产业化发展中心

组织编写

中国建筑工业出版社

前 言 一

　　党的十九大报告指出"加快生态文明体制改革，建设美丽中国""坚持人与自然和谐共生"。2018 年，习近平总书记提出建设公园城市的新时代命题，发表"要突出公园城市特点，把生态建设考虑进去""一个城市的宜居就是整个城市是一个大公园"等重要指示。中央城市工作会议明确提出"要大力开展生态修复，让城市再现绿水青山"。

　　城市生态修复是让城市再现绿水青山，改善城市生态环境，提高城市宜居性，促进城市可持续发展的重要行动，是推动供给侧结构性改革、补足城市短板的客观需要，是推进生态文明建设的重要举措，是城市转变发展方式的重要标志。

　　《住房城乡建设部关于加强生态修复城市修补工作的指导意见》（建规〔2017〕59 号）明确提出了生态修复的定义、内涵和要求。城市生态修复是在加强城市自然生态资源保护的基础上，采取自然恢复为主、与人工修复相结合的方法，优化城市绿地系统等生态空间布局，修复城市中被破坏且不能自我恢复的山体、水体、植被等，修复和再利用城市废弃地，实现城市生态系统净化环境、调节气候与水文、维护生物多样性等功能，促进人与自然和谐共生的城市建设方式。

　　为推进城市生态修复工作，住房和城乡建设部在全国 58 个城市开展了城市双修试点。同时，各地也在不断推进公园城市的建设，成都市深入贯彻落实习近平总书记来川视察重要指示精神，积极组织编制《成都市美丽宜居公园城市规划》及《成都市公园规划设计导则》；扬州市耗资近百亿造 350 座公园，并连续三年将公园体系建设目标列入行政考核体系，制定并实施《扬州市公园条例》，公园城市建设进程不断加快。通过努力，各地城市人居环境明显改善，市民获得感、幸福感不断增强。在实践过程中，各地涌现出一批好经验、好做法和成功的工程案例。《城市生态修复工程案例集》一书汇编了部分城市在山体修复、水体修复、废弃地修复、绿地提升四个方面的案例，城市生态系统修复的经验做法也为公园城市建设起到了重要支撑作用。

本书编纂过程中，得到了住房和城乡建设部城市建设司、住房和城乡建设部科技与产业化发展中心、中国城市规划设计研究院、中国城市建设研究院、中国水环境集团有限公司、北京土人景观规划设计研究院等单位以及地方城市的大力支持，特此致谢。同时，本书也是世界银行贷款中国经济改革促进与能力加强技术援助项目（TCC6）促进中国城市生态修复研究的成果之一。

由于编者的水平有限，对城市生态修复的认识还很粗浅，在编纂过程中难免有误，敬请读者指正！

编写组

改革开放以来，我国城镇化和城市建设取得巨大成就的同时，资源约束趋紧、环境污染严重、生态系统破坏等问题日益突出。

基于生态评估梳理出的不同类型和级别的生态问题及其空间分布，对照城市生态修复目标，将城市生态修复的阶段目标及其考核指标落实到具体地理区域及四至坐标定位，确定实施生态修复的先后顺序。建立项目储备制度，明确项目类型、数量、规模、建设成本和时序以及项目总量分类统计。主要包括城市山体、水体、废弃地的生态修复和对城市绿地系统完善四大类。

绿地提升要推进城乡一体绿地系统的规划建设，构建覆盖城乡的生态网络，提升绿色公共空间的连通性与服务效能；优化城市绿地系统布局，加大公园绿地、其他绿地、防护绿地等建设，消除城市绿地系统不完整、破碎化等问题；推广立体绿化，竖向拓展城市生态空间；实施老旧公园提质改造，强化文化建园，提升综合服务功能。

山体修复要依据山体自身条件及受损情况，对采石坑、凌空面、不稳定山体边坡、废石（土）堆、水土流失的沟谷和台塬等破损裸露山体，采用工程修复和生物修复方式，修复与地质地貌破坏相关的受损山体以及与动植物多样性保护和水源涵养相关的植被，进行综合改造提升，在保障安全和生态功能的基础上，充分发挥其经济效益和景观价值。

水体修复要坚持"控源截污是前提"的基本原则，系统开展城市河流、湖泊、湿地、沿海水域等水体生态修复，按照海绵城市建设和黑臭水体整治等有关要求，从"源头减排、过程控制、系统治理"入手，采用经济合理、切实可行的技术措施，恢复水体自然形态，改善水环境与水质，提升水生态系统功能，打造滨水绿地景观。

废弃地修复要针对因产业改造、转移或城市转型而遗留下来的工业废弃地以及废弃的港口码头、垃圾填埋场以及因矿山开采过程中形成的露天采矿场、排土场、尾矿场、塌陷区、受重金属污染而失去经济利用价值的矿山废弃地等不同类型的城市废弃地开展生态修复，确保生态安全前提下，兼顾景观打造和有效再利用。

本案例在绿地提升、山体修复、水体修复、废弃地修复和城市生态系统修复五个方面筛选了 10 个案例，案例的选择力求做到现状问题有分析、规划设计有方法、工程措施能落地、修复效果可感知，读者可根据案例的具体介绍，可实地考查，也可按照案例技术路线指导实践。

大力推进城市生态修复工作，需要主动作为，大胆创新。衷心希望与有识之士一道，共同完善和创新我国城市生态修复的理论、方法和实践，让绿水青山就是金山银山，打造和谐宜居、富有活力、各具特色的现代化城市。

目 录

城市生态修复理论篇

城市生态修复实践篇

城市生态修复

理论篇

理论篇介绍了城市生态修复的背景与意义、概念与内涵，重点对城市生态评估、指标体系构建及城市生态修复内容做了详细阐述。城市生态修复工作应由城市人民政府组织生态评估，编制城市生态修复专项规划，制定实施计划并组织实施，修复完成后开展效果评价。主要包括城市山体、水体、棕地的生态修复和对城市绿地系统完善四大类。

第 1 章

背景与意义

　　我国进入中国特色社会主义新时代，"以人民为中心"成为城乡发展的宗旨思想和时代要求。党的十九大报告中提出的"树立和践行绿水青山就是金山银山的理念"，"坚持节约资源和保护环境的基本国策"等重要论述，是习近平新时代中国特色社会主义思想的重要内容，为城乡建设绿色发展提供根本遵循。快速的城市建设和粗放的建设模式给城市生态环境带来严重影响，出现了一系列城市生态问题，已严重影响城市生态安全。生态文明建设关乎人类未来，城市生态保护与修复工作迫在眉睫。中央城市工作会议明确"要大力开展生态修复，让城市再现绿水青山"。城市生态修复是让城市再现绿水青山，改善城市生态环境，满足人民美好生活需要的重要行动，是推动供给侧结构性改革、补足城市短板的客观需要，是推进生态文明建设的重要举措，是城市转变发展方式的重要标志。

1.1　城市生态修复是践行习近平生态文明思想的具体化

习近平总书记高度重视生态文明建设，先后提出"宁肯不要钱，也不要污染""资源开发要达到社会、经济、生态三者的效益的协调"的重要论述，"绿水青山也是金山银山"的著名论断，"实现生产空间集约高效、生活空间宜居适度、生态空间山清水秀"，以及"人与自然是生命共同体"的思想。中共中央国务院《关于加快推进生态文明建设的意见》明确提出："要充分认识加快推进生态文明建设的极端重要性和紧迫性，切实增强责任感和使命感，牢固树立尊重自然、顺应自然、保护自然的理念，坚持绿水青山就是金山银山。"城市生态修复是习近平治国理政新思想和新战略的具体内容。

1.2　城市生态修复是满足人民美好生活需要的重要路径

中央城市工作会议指出做好城市工作，要顺应城市工作新形势、改革发展新要求、人民群众新期待，坚持以人民为中心的发展思想，坚持人民城市为人民。这是我们做好城市工作的出发点和落脚点。城市生态修复对统筹生产空间、生活空间、生态空间，提高城市发展持续性、宜居性发挥重要作用，是创造优良人居环境，把城市建设成为人与人、人与自然和谐共处的美丽家园的重要途径。

1.3　城市生态修复是提升生态系统服务能力的迫切要求

城市生态系统是城市居民与其环境相互作用而形成的统一整体，也是人类对自然环境的适应、加工、改造而建设起来的特殊的人工生态系统，应具有供给、调节、生命支持和文化服务四大类功能，如水资源供给、水文调节、水土保持、气候调节、净化空气、维持生物多样性、休闲和审美启智等。而在快速城市化进程中，城市生态系统遭到不同程度的破坏，生态系统服务能力下降，山体破损、水污染、城市洪涝、生物栖息地丧失等城市生态环境问题凸显。城市生态保护与修复的核心目标在于系统解决城市生态环境问题，保障和提高生态系统服务能力，再现城市绿水青山，推动城市可持续发展。

第 2 章

概念与内涵

　　回归"人与自然和谐"的生态价值观是城市生态保护与修复的基础和前提。城市生态系统是一个有机整体，城市生态修复要充分考虑系统性和全局性，不能片面依赖工程技术，机械地、单一地去解决问题，避免"头痛医头，脚痛医脚"的片面性和局部性，要全面梳理城市生态系统的结构和功能，恢复和增强其自我调节能力，实现改善城市生态环境的目标。

2.1 概念

城市生态修复是指在加强城市自然生态资源保护的基础上,采取以自然恢复为主、与人工修复相结合的方法,优化城市绿地系统等生态空间布局,修复城市中被破坏且不能自我恢复的山体、水体、植被等,修复和再利用城市废弃地,实现城市生态系统净化环境、调节气候与水文、维护生物多样性等功能,促进人与自然和谐共生的城市建设方式。

城市生态评估与生态修复应遵循保护优先、尊重自然、顺应自然、保护自然的基本原则,对没有遭到人为破坏的、受到一定人为干扰和破坏性影响的、已造成较大生态破坏的区域因地制宜采取分类修复策略。对没有遭到人为破坏,生态环境保持良好的区域,应严格执行生态保护要求,杜绝可能发生的人为破坏和人工干扰行为,维持生态系统的良性循环;对受到一定人为干扰和破坏性影响,自然生态系统处于亚健康状态,但尚在自然更新恢复能力之内的区域,应严格控制人工干预特别是工程措施、工程建设等,采取促进自然生态系统恢复的措施,让自然做功,使城市生态环境得以休养生息,促进城市生态的自我恢复;对已造成较大生态破坏的区域,应采取必要的工程修复措施,使生态系统向正向演替,促进生态恢复;对城市生态建设的不同区域或者同一区域的不同建设阶段,宜综合运用城市生态保护、恢复和修复三种方式,使其相互补充、相互协调,共同对城市生态保护修复发挥作用。

2.2 原则

城市生态修复应进行系统修复,坚持"山水林田湖"生命共同体的思想,同时树立"节约和保护也是修复"的理念,以生态安全格局为依据,以完善绿地系统和山体、水体、棕地等重点修复工程为依托,应统筹生产、生活、生态三大布局的生态保护和修复的内容,统筹节能减排、循环利用等绿色发展措施。

(1)保护优先。强调尊重自然、顺应自然、保护自然。严格保护城市现存的生态资源,加强源头控制,对遭受威胁和破坏的自然生态空间,采取自然恢复为主与人工修复相结合的方法,优化城市生态空间,恢复城市生态功能,避免过分干预和再度破坏。

（2）规划引领。城市生态修复应在规划指导下开展。将生态承载力作为规划的刚性约束条件，城市各层级、各相关规划以及后续的建设过程中，应统筹生产、生活、生态三大布局，落实生态保护和修复的内容。

（3）统筹协调。根据城市所处气候地带及其自然环境条件、现有生态问题的轻重缓急，坚持修复与保护相结合，针对性与系统性相结合，局部与整体相结合，近期与远期相结合，制定城市生态修复目标、实施计划和技术措施，做到统筹规划、分区施策、分步实施、协调建设。

（4）系统修复。坚持"山水林田湖"生命共同体的思想，以完善绿地系统和山体、水体、废弃地等重点修复工程为依托进行系统修复，同时树立"节约和保护也是修复"的理念，统筹节能减排、循环利用等绿色发展措施，最终实现标本兼治。

2.3　流程

考虑到城市生态修复工作的系统性，该项工作应由城市人民政府组织生态评估，编制城市生态修复专项规划，制定实施计划并组织实施，修复完成后开展效果评价。流程如图2-1所示。

图2-1　城市生态修复流程图

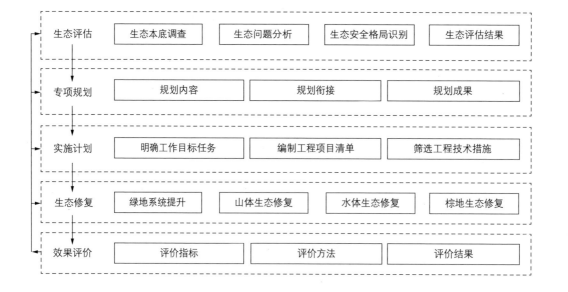

生态评估：生态本底调查　生态问题分析　生态安全格局识别　生态评估结果

专项规划：规划内容　规划衔接　规划成果

实施计划：明确工作目标任务　编制工程项目清单　筛选工程技术措施

生态修复：绿地系统提升　山体生态修复　水体生态修复　棕地生态修复

效果评价：评价指标　评价方法　评价结果

第 3 章

城市生态评估

　　生态评估是开展城市生态修复"摸实情，出实招，显实效"的重要基础。统筹整体和局部、保护和修复的辩证关系，生态评估以城市生态系统为对象，以恢复、完善和提升城市生态系统服务功能为目标，旨在科学诊断城市主要生态问题及其空间分布，是系统开展生态修复的基础。

　　评估内容主要包括对城市规划区范围内的山体、河流、湿地、绿地、林地等生态空间、生态要素开展历史与现状摸底普查，分析存在和面临的主要生态问题、起因、规模等，分类分级梳理；识别城市生态安全格局，确定城市生态修复的重点区域，列出实施城市生态修复的项目清单及其优先等级。

　　生态评估基本路径为现状调查、问题分析、区域识别、分类分级确定实施生态修复任务的优先次序和空间区域、确定生态修复项目和坐标点位、形成生态评估报告，建立信息管理体系。

3.1 生态本底调查

生态本底调查是对城市自然生态历史状况、发展演变过程和现状本底，以及城市社会经济、环境质量状况进行调查，主要包括以下 4 方面内容。

3.1.1 自然条件

包括城市气象、水文、地形地貌、地质、土壤、动植物等生态本底、历史变迁的基础数据和卫星影像数据等。

气象资料包括气温、日照、降水、风向、风速、城市建成区热岛效应强度等。

水文资料涉及水系格局演变、历史洪涝淹没区分布两个方面。包括水网密度、水系等级、水质监测数据、地下水位及补给区、泉水出露区、超采形成的地下漏斗区、水利工程设施分布、水体形态变迁、河道流量等。

地形地貌资料包括地形图和数字高程数据（DEM）。

地质资料包括地震断裂带和地质灾害分布区。

土壤资料包括土壤质地、土壤类型分布及土壤受污染情况。

植被资料包括植物种类及其分布，各类生境条件植被覆盖和林相分布等。

3.1.2 生物多样性

包括动物、植物物种的种类和分布；重要物种栖息地和迁徙情况；湿地资源类型及保护状况。

3.1.3 城市历史沿革

包括城市的发展脉络、历史变迁、重要城市历史文化的承载地状况等。

3.1.4　城市发展状况

　　包括历年城市人口规模、社会经济水平、城市土地利用、交通以及环境质量（包括大气、水和土壤）等基础资料。

3.2　生态问题分析

3.2.1　水文调节能力下降

　　城市建设和城市活动引致城市水系结构的变化和功能的衰退。各类河湖湿地共同组成的城市自然水系统具有防洪调蓄、水质净化、空气净化、气候调节等多种生态系统服务功能。但是，随着几十年来快速的城市建设和密集的城市活动，城市水系的结构发生了巨大的改变，湿地面积大幅减少；河流断流、水库干涸；河流廊道内硬化地表面积不断增加。水系结构的变化直接导致其功能的衰退，水体自净能力、地下水回补能力、洪涝的调蓄能力都随之下降，从而引发河流污染、城区内涝频发、生物栖息地丧失、地下水位下降等生态问题。

3.2.2　生物栖息地和生物多样性丧失

　　人为干扰下生物栖息地的减少和破碎化导致城市生物多样性的降低。保护城市中重要的生物栖息地和生物迁徙廊道是提高城市生物多样性的有效途径。但是，在快速城市化过程中，建设用地的增长以及湿地水域的大幅减少使得生物栖息地面积持续下降，重要的生物迁徙廊道也因各种建设工程被切断而逐步消失。同时，目前主要采用自然保护区作为生物多样性的保护模式，这种保护模式重视了保护区内物种和生境的保护，而忽视了保护区与外部，保护区之间的联系；单一依靠自然保护区模式也未能有效保护城市人类活动密集区内的生物多样性，而城区内现有绿地的园林化建设模式更多服务于观赏性，不利于生物多样性的保护。

3.2.3　地质灾害和水土流失风险较大

山区建设活动的增加导致地质灾害隐患和水土流失风险尚存。地质条件较为复杂，本底自然条件使得山区生态系统较为脆弱。近年来，各项生态工程治理项目的实施有效地改善了山区生态环境，减缓了地质灾害的发生频率。但是，在山区过去的资源开发过程中，一些不合理的土地利用行为，诸如采矿、坡地开荒等所产生的生态环境影响尚未消失；无序化旅游开发、房地产建设等土地利用行为在局部地区还在继续，使得地质灾害隐患和水土流失风险在一定时期内还将存在。

3.2.4　乡土文化遗产的原真性和完整性遭到破坏

生态系统为城乡居民提供了包括审美、启智和生态游憩在内的文化服务。例如北京拥有悠久的历史和灿烂的文明，孕育了丰富的乡土文化遗产景观，如古老的龙山圣林、泉水溪流、古道驿站、陵墓遗迹等，它们对塑造城乡景观特色、满足民众的精神和游憩需求具有重要作用。然而，快速城市化进程中，这些乡土文化遗产尚未得到应有的重视，其真实性和完整性遭到很大破坏。这些乡土文化遗产景观及它们所依存的生态环境应得到系统完整的保护，形成连续、完整的绿道网络，成为人民教育后代以及开展生态游憩和自然教育的永久空间。

3.2.5　综合游憩体验过程被割裂

随着居民人均收入水平提升，市民对于日常休闲活动特别是户外绿色休闲活动的需求不断提高，尤其关注户外游憩活动的体验过程。然而，目前城市游憩资源由于分属不同部门管理，游憩资源难以统一规划和管理，资源空间分布不均衡、类型和功能的相对单一、各大游憩板块和线路之间缺乏联系等问题。此外，现有游憩线路主要满足机动车出行的需求，缺乏连续的自行车道和步行道系统，难以满足市民绿色出行的需求；同时，自行车道、滨河和沿防护林的绿道也被机动车道侵占或分割。因此，增加各类游憩景观的可达性，使不同出行方式的市民，特别是非机动车出行的居民能够安全、便捷的到达游憩目的地，并沿途享受高质量的游憩体验，是区域景观生态系统保护和建设中不可忽视的问题。

3.3 生态安全格局识别

根据城市生态问题的分类分级梳理结果，进行生态空间识别，对水生态环境保护区域、生物多样性保护区域、地质灾害敏感区、城市绿化隔离区、城市生态游憩空间等重点区域进行图形叠加和分析识别。

基于水资源保护、雨洪管理、水环境改善三个基本目标，叠加识别城市水生态环境保护区域，划定水源保护区、河流廊道和湿地保护区域等。

基于保护生物栖息地和维护生物多样性目标，叠加识别生物生态安全格局。通过对城市特定生物物种（包括濒危种和指示物种）栖息地适宜性分析，识别和划定物种栖息地以及迁徙廊道，以及严禁人类进入、活动的生物栖息地核心区和物种栖息地的缓冲区。

针对城市泥石流、滑坡、崩塌（滑塌）、矿山地面塌陷、地裂缝、地面沉降等地质灾害，结合城市现状发展影响，识别并划定城市地质灾害敏感区和城市建设控制区。

结合城市现有涉及安全隔离的主要基础设施，包括如污水处理厂、环卫设施、输变电设施、管道运输设施、道路、铁路和轨道交通等，划定绿化隔离区。

对城市区域内的风景名胜区、郊野公园、森林公园、湿地公园、历史文化保护区以及城市山水格局等系统梳理，识别并划定城市生态游憩空间。

3.4 生态评估结果应用

3.4.1 编制专项规划

编制城市生态修复专项规划，统筹协调城市绿地系统、水系统、海绵城市等专项规划，对城市山水格局、视线通廊、整体空间形态、街区开放空间等内容进行管控引导。

城市生态修复专项规划可与空间规划同步编制，也可单独编制。城市生态修复专项规划经批准后，编制或修改空间规划时，应将生态保护和修复的考核指标纳入空间规划，将城市生态修复专项规划中提出的城市生态安全格局作为城市空间开发管制要素之一。编制或修改控制性详细规划时，应根据实际情况，落实城市生态修复专项规划中确定的考核指标。编制或修改城市绿地系统、水系统、海绵城市等专项规划，应与城市生态修复专项规划充分衔接。

基于城市生态评估结果，分析城市建设空间和自然生态空间的演变关系，提出城市生态安全格局，确定城市生态修复区域和范围，划定城市生态控制线，将城市各类生态空间的功能、定位、指标等落实到具体区域，最大限度地保护生态系统、生态资源及其功能等均完好的重要自然生态资源和园林绿地等城市人工生态资源；综合评价城市绿地系统、城市山体、水体、废弃地等情况，全面掌握城市规划区内确需实施生态修复的场地分布状况，将城市生态修复目标和指标落实到具体区域，因地制宜提出修复策略，确定修复优先序。

规划成果包括文本、图纸和相关说明。成果的表达应清晰、准确、规范，成果文件应当以书面和电子文件两种方式表达。城市生态修复专项规划图纸一般包括：现状图（包括高程坡度、水系湿地、植被生物、绿地系统等要素）、城市生态安全格局图（包括保护和修复区域）、城市生态修复分类规划图（包括城市山体、水体、废弃地和绿地修复规划图）、城市生态修复分期建设规划图。

3.4.2 制定实施计划

制定城市生态修复实施计划，明确生态修复工作目标和任务，科学构建城市生态修复指标体系，根据城市生态修复方式，筛选切实可行、经济合理的适宜技术及措施，预估工程量、投资量和实施周期，预测城市生态修复效果，明确保障机制和措施。

针对生态修复目标，明确生态修复建设重点，研究制定实施生态修复建设的实施计划，明确修复工程量、实施主体、进度安排、修复措施、技术要求、考核指标等，构建生态修复的技术指标和工作指标并合理赋值。各生态要素的完整性直接关系到生态修复效果，既要统筹受损山体、水体的系统修复；制定生态修复工程项目方案和开展工程量预测时，又要适当向周边区域延伸。

　　建立项目储备制度，明确项目类型、数量、规模、建设成本和时序以及项目总量分类统计。针对城市生态修复内容和建设时序，筛选生态修复工程的关键技术。对不同类型生态修复工程实施后的生态状况和效果进行预测和分析比对，优化技术方案。制订生态修复工程项目实施的技术路径、过程控制要求及后期维护管控要求。

　　建立多部门协调推进工作机制；建立和完善城市生态修复相关标准体系；建立动态生态评估信息体系和生态修复项目监管体系；加强实施计划的论证和评估，增强实施计划的科学性、针对性和可操作性；探索多元主体参与的市场化推进模式。

第 4 章

指标体系构建

　　为引导和评价城市生态修复工作，应因地制宜构建城市生态修复指标体系。

4.1 城市生态修复指标体系构建

考虑到城市生态修复工作的长期性，城市生态修复效果评价指标包括技术指标和工作指标，用于评价"干没干"和"好不好"。技术指标涵盖绿地提升、山体生态修复、水体生态修复、棕地生态修复等方面；工作指标包括编制专项规划和制定实施计划情况、规划建设管理制度、技术规范与标准建设、长效机制、投融资机制建设、绩效考核与激励机制。具体指标如表 4-1、表 4-2 所示。

城市生态修复效果评价技术指标   表 4-1

类别	序号	技术要素	技术指标	修复前	修复目标	修复后
绿地提升	1	城市热岛效应				
	2	生物多样性				
	3	生态用地比例				
	4	建成区绿地率				
	5	建成区绿化覆盖				
	6	公园绿地服务半径覆盖				
	7	屋顶绿化				
	8	林荫路推广				
山体修复	9	山体地质安全				
	10	破损山体修复				
	11	植被覆盖指数变化				
水体修复	12	水安全				
	13	城市水环境功能区水质达标				
	14	水体岸线自然化				
	15	水景观				
棕地修复	16	土壤污染治理				
	17	再利用				

城市生态修复效果评价工作指标　　　　　　　　　　　　　　　　　　　　　　表 4-2

序号	指标	指标内容及评估方法
1	编制专项规划，制定实施计划	在生态评估的基础上，确定修复目标和指标，选择合理修复方式，明确近期建设重点，筛选工程技术措施，明确保障措施。 查看专项规划、实施计划等相关材料
2	规划建设管理制度	建立城市生态修复的规划、建设、管理方面的制度。绿线、蓝线、生态红线划定。 查看城市控详规、相关法规、政策文件等
3	技术规范与标准建设	制定较为健全、规范的技术文件，能够保障城市生态修复工作的顺利实施。 查看地方出台的城市生态修复工程技术、设计施工相关标准、技术规范、图集、导则、指南等
4	长效机制	对政府投资建设、运行、维护的城市生态修复成效相关的责任落实与长效机制等。查看出台的政策文件等
5	投融资机制建设	制定和创新城市生态修复投融资、PPP 模式等。查看出台的政策文件等
6	绩效考核与激励机制	项目清单完成情况检查考核以及城市生态修复成效相关的奖励机制等。查看工作台账资料和出台的政策文件等

4.2　绿地提升技术指标

（1）城市热岛效应强度

城市热岛效应强度采用城市建成区与建成区周边（郊区、农村）6~8 月的气温平均值的差值进行评价。

热岛效应是由于人们改变城市地表而引起小气候变化的综合现象。热岛效应强度是评价城市生态修复效果的重要指标。

计算方法：城市热岛效应强度（℃）= 建成区气温的平均值（℃）− 建成区周边区域气温的平均值（℃）

（2）生物多样性指数

评价生物多样性的指标。生物多样性是指所有来源的生物体中的变异性，这些来源包括陆地、海洋和其他水生生态系统及其所构成的生态综合体等，这包含物种内部、物种之间和生态系统的多样性。

计算方法：生物多样性指数（BI）= 归一化后的野生动物丰富度 × 0.2+ 归一化后的野生维管束植物丰富度 × 0.2+ 归一化后的生态系统类型多样性 × 0.2+ 归一化后的物种特有性 × 0.2+ 归一化后的受威胁物种的丰富度 × 0.01+（100− 归一化后的外来物种入侵度）× 0.1

按照《区域生物多样性评价标准》HJ 623-2011 中的数据采集、分析和处理方法进行计算和等级划分。

（3）生态用地比例

城市规划区内的绿地和水域湿地面积占城市规划区总面积的比例。

计算方法：生态用地比例＝城市规划区内的绿地和水域湿地面积／城市规划区总面积 ×100%

（4）建成区绿地率

建成区各类城市绿地面积占建成区面积的比例。

计算方法：建成区绿地率（%）＝建成区各类城市绿地面积（km^2）／建成区面积（km^2）×100%

允许将建成区内、建设用地外的部分"其他绿地"面积纳入建成区绿地率统计，但纳入统计的"其他绿地"面积不应超过建设用地内各类城市绿地总面积的 20%；且纳入统计的"其他绿地"应与城市建设用地相毗邻。

（5）建成区绿化覆盖率

建成区所有植被的垂直投影面积占建成区面积的比例。

计算方法：建成区绿化覆盖率（%）＝建成区所有植被的垂直投影面积（km^2）／建成区面积（km^2）×100%

绿化覆盖面积是指城市中乔木、灌木、草坪等所有植被的垂直投影面积，包括屋顶绿化植物的垂直投影面积以及零星树木的垂直投影面积，乔木树冠下的灌木和草本植物以及灌木树冠下的草本植物垂直投影面积均不能重复计算。

城市建成区是城市行政区内实际已成片开发建设、市政公用设施和配套公共设施基本具备的区域。城市建成区界线的划定应符合城市总体规划要求，不能突破城市规划建设用地的范围，且形态相对完整。

（6）公园绿地服务半径覆盖率

公园绿地服务半径覆盖的居住用地面积占居住用地总面积的比例。

计算方法：公园绿地服务半径覆盖率（%）＝公园绿地服务半径覆盖的居住用地面积（hm^2）／居住用地总面积（hm^2）×100%

公园绿地按现行的《城市绿地分类标准》CJJ/T 85-2017 统计，其中社区公园包括居住区公园和小区游园。

对设市城市，5000m^2（含）以上的公园绿地按照 500m 服务半径考核，2000（含）～5000m^2 的公园绿地按照 300m 服务半径考核；历史

文化街区采用 $1000m^2$（含）以上的公园绿地按照 300m 服务半径考核；

对县城，$1000 \sim 2000m^2$（含）的公园绿地按照 300m 服务半径考核；$2000m^2$ 以上公园绿地按 500m 服务半径考核。

公园绿地服务半径应以公园各边界起算。

（7）屋顶绿化率

已完成屋顶绿化的建（构）筑物屋顶面积占城市建成区建（构）筑物总屋顶面积的百分比。

屋顶绿化是以建（构）筑物顶部为载体，不与自然土层相连且高出地面 150cm 以上，以植物材料为主体的一种立体绿化形式，一般可分为花园式、组合式和草坪式三种类型。

花园式屋顶绿化：选择各类植物进行复层配置，可供人游览和休憩的屋顶绿化类型。

组合式屋顶绿化：以植物单层配置为主，并在屋顶承重部位进行复层配置的屋顶绿化类型。

草坪式屋顶绿化：采用适生地被植物或攀缘植物进行单层配置的屋顶绿化类型。

计算方法：屋顶绿化率（%）= 已完成屋顶绿化的建（构）筑物屋顶面积（m^2）/ 城市建成区建（构）筑物总屋顶面积（m^2）× 100%。

（8）林荫路推广率

城市建成区内达到林荫路标准的步行道、自行车道长度占步行道、自行车道总长度的百分比。林荫路指绿化覆盖率达到 90% 以上的人行道、自行车道。

计算方法：林荫路推广率（%）= 建成区内达到林荫路标准的步行道、自行车道长度（km）/ 建成区内步行道、自行车道总长度（km）× 100%

4.3 山体修复技术指标

（1）山体地质安全

进行山体修复前，应根据破损山体地质资料和现场勘察情况，采取山体加固、场地整理、修建排水系统等措施，彻底消除破损山体滑坡、碎石崩塌等安全隐患，保障山体地质安全。

（2）植被覆盖指数变化率

评价区域实施生态修复前后的植被覆盖指数变化情况。植被覆盖指数为区域单位面积归一化植被指数（NDVI）。

计算方法：植被覆盖指数变化率（%）（生态修复后的植被覆盖指数－修复前的植被覆盖指数）/修复前的植被覆盖指数 ×100%

（3）破损山体修复率

城市规划区内的破损山体修复面积占城市规划区内山体破损总面积的比例。

计算方法：破损山体修复率（%）城市规划区内的破损山体修复面积（m^2）/城市规划区内山体破损总面积（m^2）×100%

4.4　水体修复技术指标

（1）水安全

水安全包括城市暴雨内涝灾害防治及饮用水安全。城市暴雨内涝灾害防治需达到的要求是历史积水点彻底消除或明显减少，或者在同等降雨条件下积水程度显著减轻。城市内涝得到有效防范，达到《室外排水设计规范》GB 50014-2006 规定的标准。饮用水安全需水源地水质达到国家标准要求：以地表水为水源的，一级保护区水质达到《地表水环境质量标准》GB 3838-2002 Ⅱ类标准和饮用水源补充、特定项目的要求，二级保护区水质达到《地表水环境质量标准》GB 3838-2002 Ⅲ类标准和饮用水源补充、特定项目的要求。以地下水为水源的，水质达到《地下水质量标准》GB 3838-2002 Ⅲ类标准的要求。自来水厂出厂水、管网水和龙头水达到《生活饮用水卫生标准》GB 5749-2006 的要求。

（2）城市水环境功能区水质达标率

各考核断面水质达标频次之和占各考核断面监测总频次的比例。

计算方法：城市水环境功能区水质达标率＝各考核断面水质达标频次之和/各考核断面监测总频次 ×100%

（3）水体岸线自然化率

符合自然岸线要求的水体岸线长度占水体岸线总长度的比例。

主要针对城市规划区内的较大型河道和水体，公园绿地中的水体和城市建设用地中的水体岸线一般规模较小，可不作要求和统计。

计算方法：水体岸线自然化率（%）= 符合自然岸线要求的水体岸线长度（km）/ 水体岸线总长度（km）×100%

纳入统计的水体，应包括《城市总体规划》中被列入 E 水域的水体；纳入自然岸线统计的水体应同时满足以下两个条件：在满足防洪、排涝等水工（水利）功能基础上，岸体构筑形式和所用材料均符合生态学和自然美学要求，岸线形态接近自然形态；滨水绿地的构建本着尊重自然地势、地形、生境等原则，充分保护和利用滨水区域原有野生和半野生生境；岸线长度为河道两侧岸线的总长度；具有地方传统特色的水巷、码头和历史名胜公园的岸线可不计入统计范围。

（4）水景观

水景观是指可以引起人们视觉感受的水域（水体）及其相关联的岸地、岛屿、植被、建筑等所形成的景象。水体景观效果主要考察景观营造水文化主题是否突出、特色是否显著；水工程与周边环境是否融合，景观效果如何；是否有省级以上水利风景区、湿地公园、自然保护区等。

4.5 棕地修复技术指标

（1）棕地土壤污染治理率

经过土壤污染治理达到相关标准要求的废弃地面积占废弃地总面积的比例。

计算方法：棕地土壤污染治理率（%）= 经过土壤污染治理达到相关标准要求的废弃地面积（m^2）/ 废弃地总面积（m^2）×100%

（2）棕地修复再利用比例

经修复达到相关标准要求后再利用的废弃地面积占废弃地总面积的比例。

计算方法：棕地修复再利用比例 = 经修复达到相关标准要求后再利用的废弃地面积（m^2）/ 废弃地总面积（m^2）×100%

第 5 章

城市生态修复

城市生态修复包括绿地系统提升、山体生态修复、水体生态修复、棕地生态修复等内容。

绿地系统提升应推进城乡一体绿地系统的规划建设，构建覆盖城乡的生态网络，提升绿色公共空间的连通性与服务效能，优化城市绿地系统布局，加大公园绿地、防护绿地、广场绿地、附属区域绿地建设，消除城市绿地系统不完整、破碎化等问题。推广立体绿化，竖向拓展城市生态空间；实施老旧公园提质改造，强化文化建园，提升综合服务功能。

山体生态修复应依据山体自身条件及受损情况，对采石坑、凌空面、不稳定山体边坡、废石（土）堆、水土流失的沟谷和台塬等破损裸露山体，排除安全隐患，采用工程修复和生物修复方式，修复与地质地貌破坏相关的受损山体以及与动植物多样性保护和水源涵养相关的植被，在保障安全和生态功能的基础上，进行综合改造提升，充分发挥其经济效益和景观价值。

水体生态修复应坚持"控源截污是前提"的基本原则，系统开展城市河流、湖泊、湿地、沿海水域等水体生态修复，按照海绵城市建设和黑臭水体整治等有关要求，从"源头减排、过程控制、系统治理"入手，采用经济合理、切实可行的技术措施，恢复水体自然形态，改善水环境与水质，提升水生态系统功能，打造滨水绿地景观。

针对因产业改造、转移或城市转型而遗留下来的工业棕地，以及废弃的港口码头、垃圾填埋场，因矿山开采形成的露天采矿场、排土场、尾矿场、塌陷区，受重金属污染而失去经济利用价值的矿山棕地等，应开展城市棕地生态修复，确保生态安全前提下，兼顾景观打造和有效再利用。

5.1 绿地系统提升

5.1.1 统筹城乡生态空间

构建"生态功能区—生态廊道—生态节点"相结合的多层级城乡绿地生态体系。基于绿地系统绿线、水体保护蓝线、历史文化保护紫线和生态保护红线，划分不同类型和等级的生态功能区，划定区域重要生态廊道，严格控制开发强度，保护城乡绿色生态基底。结合黑臭水体治理、湿地修复治理、道路交通系统建设、风景名胜资源保护等，实施环城绿带、生态廊道等规划建设，使城市内部的水系、园林绿地同城市外围的山林、河湖、湿地等形成了完整的生态网络体系。

5.1.2 优化城市绿地布局

结合城市发展，落实空间规划和绿地系统规划，切实保障城市生态安全格局用地，构建高品质的绿色开放空间体系，提高社会绿化建设水平。将城市廊道建设与城市有机更新相结合，依托现有城市绿地、道路、河流及其他城市开敞空间，构建城市通风廊道，增强中心城区绿地斑块布局的均好性，同时见缝插绿，增加中小型开放绿地。结合海绵城市建设，加大规划绿地的实施建设，同时开展墙体、屋面、阳台、桥体、公交站点、停车场等立体绿化，并全面推进多层次城市绿地建设模式，拓展竖向生态空间。结合重要的城市生态功能区，以及郊野公园、湿地公园、遗址公园等建设，恢复健全生物物种栖息地，增加开敞空间和各生境斑块的连接度和连通性，保护栖息地生态系统的结构与功能，通过生态廊道建设构建城市生物多样性保护网络。城市各类绿地要严格按照城市绿地系统规划实施建设，强化监管，对被侵占或受到破坏的绿地加大腾退和修复力度。

5.1.3 提升绿地综合功能

完善和提升绿地的生态、游憩等综合服务功能。开展老旧公园提升改造工程，完善公共服务设施，增强公园绿地休闲游憩、科普教育、防灾避险等综合服务功能。加强公园等园林绿地专业化、精细化管理。开展近自然绿地建设，恢复稳定的地带性植物群落，促进野生种群恢复和生境重建，广植乡土植物和本地适生植物，提高乔木的种植比例，推进城市湿地公园建设，提升园林绿地生态功能和碳汇功能。

5.2　山体生态修复

5.2.1　排除隐患

进行山体修复前，应根据破损山体地质资料和现场勘察情况，采取山体加固、场地整理、修建排水系统等措施，彻底消除破损山体滑坡、碎石崩塌等安全隐患。

（1）山体加固

山体加固技术包括修坡整形、边坡加固、客土回填、加筑挡墙、台阶修建等。

修坡整形：当破损山体形成的危岩、峭岩及陡坡不稳定，无法进行植被恢复时，采用人工或机械方式进行削减修整，使其平缓、稳固。

边坡加固：通过工程措施对深度开裂、岩石风化严重等边坡进行加固，同时兼顾自然景观、降水、土壤和植被条件的协调性。

台阶修建：山腰断崖可采用分层台阶递进式修复，预防崩塌、滑坡、泥石流等灾害。

客土回填：针对坡面积较大，已造成断崖、陡坎等的破损山体，主要修复方式有整体客土（对治理场地进行同一标准的整体客土）和穴状客土（在治理场地内，以种植穴客土为主，辅以穴间客土）两种方式。

加筑挡墙：宜就地取材，用山石、土石、水泥浆等垒砌较低矮的挡土墙。

（2）场地整理

场地整理主要是进行土地平整，并清除灰渣、石块、废弃物等，有填土、挖高填低、挖低填高等方法。

填土：塌陷深度较小的凹坑、沉陷地，直接用土填平，尽量恢复为原地类。

挖高填低：将采矿废渣、废石、弃土等堆积土石或其它较高处挖出的土方，或利用建筑垃圾和工程弃土回填，用于填平整治区内凹陷、沉陷、塌陷等较低的地方，恢复为原地类，达到整治区内渣尽坑平，实现土方量平衡。

挖低填高：将凹陷、沉陷、塌陷等地进一步挖低，形成水塘、景观池、蓄水池，用挖出的土填到需要填高的地方，修整成台地。

（3）修建排水系统

排水系统应尽量利用地形地貌组织自然汇水、排水，也可修建坡顶截水沟和竖向排水渠。在坡顶及坡面上汇水量较大的部位修筑截水沟和排水渠，将坡上汇水导引到坡底，避免降雨形成汇水头对坡面的冲刷。排水沟断面应满足山坡来洪（雨）水安全排放需要，并尽可能与生态治理区排水系统相结合。

5.2.2　修复植被

在保护山体原有植被的基础上，对已经排除安全隐患的山体实施植被修复，进一步稳定边坡，控制水土流失，恢复自然生态环境。

土壤处理：采取合理的物理、化学、生物方法，去除盐分、重金属和富营养物，改良土壤本底，再施基肥、杀菌等，建立适合植物生长的基质环境，提高植物的成活率和生长势。

植被重建：岩石边坡可采用挂网客土喷播和草包技术；土质边坡可采用直接播种或植生带、植生垫等技术；土石混合边坡可采用普通喷播或穴栽灌木技术等。在植物选择时，应考虑适生且固土性强的多种草、地被植物、乔木、灌木种籽混播，以增加被修复山体环境对植物的自然选择机会和植物成活、保存率。对于恢复植被有困难的边坡等，要充分利用现代科技手段，采用适当的重建方法，达到植被重建、生态恢复的目的。

植物配植：在保护山体原有植被基础上，适当补植乡土植物、本地适生植物和耐旱适生植物，恢复重建山体植被群落，实现植物对边坡岩体的自然锚固作用，有效减少山体的水土流失。植物栽植应乔木、灌木、草及地被植物合理搭配，丰富植物景观层次，增大生态效益，提高恢复区域生物多样性；同时，要充分考虑季相变化和景观效果，并考虑休闲游览需求，种植观赏性强的植物。

5.2.3 景观修复

山体修复应结合城市山水基本格局，通过山体要素的生态敏感性和景观视觉敏感性分析，修复受损山体不良的视觉影响，恢复城市山体原有脉络和形态。结合土地整理、城市建设和改善居民生活环境等需求，因地制宜营造环境优美、具有一定休闲、游憩功能的城市绿地（如山地公园、郊野公园等）。

5.3 水体生态修复

5.3.1 恢复水体自然形态

在保障水安全的前提下，保护和修复河道的蜿蜒性特征，保留凹岸、凸岸、深潭、浅滩及沙洲，避免盲目裁弯取直、拦河筑坝、水系连通；保护和修复河床自然形态，严禁水泥护堤衬底、河滩取沙。维持湖泊岸线多样性，放缓湖岸坡度，保护和利用自然护岸；保护和修复湖泊湿地区域内洼地、高岗等自然地貌形态。

恢复水陆交错带植被，恢复和重建环湖湿地保护带、海陆之间起交互作用的过度地带、入湖河流的河口生态系统。修复沿海及内湾生态系统、藻场生态系统、珊瑚和红树林生态系统。优先采用以乡土生物链和乡土生物栖息地为主体的"非工程性"措施，充分结合地形及水量分布特征实施原生生境重建与演化系统修复，逐步恢复退化湿地生态系统的结构和功能，实现湿地生态系统的自我持续状态。岸线修复主要技术包括植物护坡、植物纤维毯、人工抛石护坡、石笼护坡、植被型生态混凝土护坡、多孔质结构护坡、三维土工植被网护坡、生态土工固袋护坡等。

5.3.2 增强水体自净能力

通过种（养）植水生植物、底栖生物、滤食性鱼类等生物措施，增强水体自净能力。采用人工湿地、水生植物种植等技术方法，构建"土壤—微生物—植物"生态系统，有效降解、去除水体中的有机物、氮、磷等污染物。保护和修复河滩和湖滨植被缓冲带，优先选择具有水质净化功能的水生、湿生植物。

参照历史连通状况及河湖水文特征，根据现状水文、地貌条件和社会、经济与环境需求，在保障水安全的基础上，因地制宜实施城市水系连通，提升水生态系统功能。

5.3.3　提升滨水景观

在保护水利工程安全、保护生态环境的基础上进行土地和空间利用的优化配置，对构成滨水景观资源的水体、滨水地、植被、功能性工程构筑物和有价值的建筑物等进行完整保护，体现生态、园林、水利、风景和历史文化等综合与协同保护。滨水地带可优先改造为城市滨河公园、郊野公园等，拓展城市亲水空间。

5.4　棕地生态修复

5.4.1　土壤修复

棕地生态修复主要包括污染物治理、污染风险管控和土壤改良。污染物治理可采用物理、化学、植物、微生物等方法。对于无防渗措施的垃圾处理场，可采取就地封场、筛分减量综合处理、存量垃圾焚烧或卫生填埋的治理方式，并完善渗沥液、填埋气的收集处理系统，对腾出的场地要进行土壤修复，防止污染长期存在。对于重金属污染，可采用固化／稳定化方法，并通过植物吸收，降低其毒性；对于有机污染物污染，可采用焚烧、微生物分解、热脱附或化学氧化等方法，用无毒物质覆盖，建立环境隔离区，消除安全隐患；对于固体废弃物，可采取土壤微生物分解等生物技术处理；对于地下水污染风险较大的区域，要同时采取工程阻隔措施，进行风险管控。土壤改良可采用物理（换土、覆土）、化学（淋洗、稀释）和生物（植物、微生物）修复方法。生活垃圾、动物粪便、污水泥炭等均含有大量有机质，释放缓慢，在土壤中可以缓解金属离子毒性，并能提高土壤的持水保肥能力，在土壤改良中能起到"以废治废"、促进生态平衡功效。

034   公园城市
系列丛书   城市生态修复
工程案例集

5.4.2 植被恢复

恢复土壤性能，改善植物生长环境，为植物生长创造良好的生长环境。短时间不能恢复完好的土壤，可选择种植抗逆性强、适应性强的植物，通过生态演替，完成植被恢复。应因地制宜，选种乡土植物、本地适生植物，营造适应当地环境的植物群落。在恢复植被的同时，植物群落营造要与自然恢复的野生植被相融合，形成协调统一的植物景观，维护生态平衡。

5.4.3 再利用

棕地实施生态修复，环境质量达到安全标准后，可在生态环境恢复的基础上，对具有潜在利用价值的土地进行规划设计，实施废弃地再利用。可优先改造为城市遗址公园、郊野公园等，通过"保留—改变—再现"的方式，体现城市发展、变迁文脉印记。

城市生态修复

实践篇

实践篇从山体修复、水体修复、棕地修复和绿地提升四个方面筛选了10个案例，案例的选择力求做到现状问题有分析、规划设计有方法、工程措施能落地、修复效果可感知，读者可根据案例的具体介绍，可实地考查，也可按照案例技术内容指导实践。

绿地提升

推进城乡一体绿地系统的规划建设，构建覆盖城乡的生态网络，提升绿色公共空间的连通性与服务效能；优化城市绿地系统布局，加大公园绿地、防护绿地等建设，消除城市绿地系统不完整、破碎化等问题；推广立体绿化，竖向拓展城市生态空间；实施老旧公园提质改造，强化文化建园，提升综合服务功能。

第6章 三亚市城市绿地系统规划建设

项目位于三亚市，着力解决绿地空间破碎、格局不连续、布局不均，市民休闲健身的绿地空间不足，滨水空间可达性较差等问题。为充分发挥公园绿地功能，通过河道生态修复、红树林规划、交通线路规划、湿地公园设计等多层次规划设计；合理采用修复滨河、山体廊道生态、整合绿色空间、退建还绿、构筑连续生态廊道等技术措施；实现城乡生态及风景旅游资源的统筹和以线串面的城市绿廊，为三亚市民提供丰富多样的休闲游憩场所。

第7章 天津市桥园生态修复工程

项目位于天津市河东区，为解决因城市的快速扩张而导致的大地景观破碎化、水系污染，保护和利用具有地域景观特色的湿地，采用生态系统服务仿生修复技术，解决土壤盐碱化和生境破坏问题，实现绿地的全面提升，建成为城市提供多样化生态系统服务的生态型公园。

6.1 三亚市生态现状摸底评估

三亚的城市魅力和发展根本在于三亚的生态环境，优良的生态环境是三亚旅游经济增长的生命线。然而，随着城市快速发展，三亚的生态环境面临着巨大的压力，生态被破坏的现象时有发生。三亚的总体生态格局可概括为"指状生长、山海相连、绿廊贯穿"（图6-1）。重要的生态要素包括山体山脉、河湖（湿地）水系、生态绿地、海岸带、海洋岛屿等。

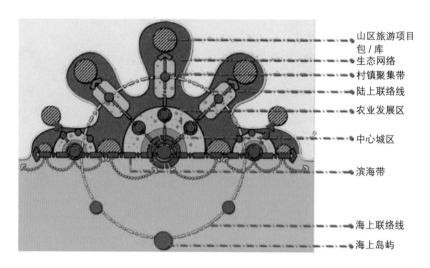

山区旅游项目
包/库
生态网络
村镇聚集带
陆上联络线
农业发展区

中心城区

滨海带

海上联络线

海上岛屿

图6-1 三亚市整体
空间生态格局示意图

6.1.1 现状水质情况

三亚市水系水质呈现从山区到城市逐渐变差的趋势，城市开发和农业对水质的影响强烈。

三亚河水质较差的断面主要集中在三亚河下游的妙林桥、海螺村断面，其中海螺沟断面为地表水Ⅴ类水质，主要超标污染物为氨氮，最高超标倍数为0.9，测值超标率为100%。

监测的感潮河段有3个断面，分别为金鸡岭桥、潮见桥和大茅水河口断面，按照海水水质评价标准，三个断面水质均较差，均为第四类海水水质或劣于第四类海水水质，主要超标指标有无机氮、粪大肠菌群、化学需氧量等。

大兵河、冲会河及大茅水：城市建设较缓，水质状况相对理想。海坡内河：由于水系不连通，水体富营养化严重，水质较差。中心城区水系水质情况（表6-1）。

中心城区水系水质情况统计表   表 6-1

序号	所在区	河流名称	断面名称	汇入水体	水质现状	超标指标
1	吉阳区	三亚东河	临春桥	三亚湾	劣四	无机氮
2	吉阳区	三亚东河	白鹭公园西边小桥	三亚湾	四类	无机氮、化学需氧量
3	吉阳区	三亚东河	潮见桥	三亚湾	四类	无机氮、化学需氧量
4	天涯区	三亚西河	月川桥	三亚湾	劣四	无机氮
5	天涯区	三亚西河	三亚大桥	三亚湾	四类	无机氮、化学需氧量
6	天涯区	海坡内河	桃源路	三亚湾	劣V	溶解氧、高锰酸盐指数、化学需氧量、氨氮、总磷
7	天涯区	冲会河	冲会河	三亚湾	劣V	溶解氧、高锰酸盐指数、化学需氧量、氨氮、总磷
8	天涯区	大兵河（烧旗沟）	烧旗沟	三亚湾	劣V	溶解氧、高锰酸盐指数、化学需氧量、氨氮、总磷
9	吉阳区	大茅河	大茅河入海口	榆林湾	四类	总磷
10	天涯区	马岭沟	马岭	三亚湾	劣V	溶解氧、高锰酸盐指数、化学需氧量、氨氮

6.1.2 植被情况

1. 三亚河

三亚河起源于山地，上游段（六罗水、汤他水、半岭水、草蓬水）两岸多为林地和农田，保留有原生的自然湿地，植被丰茂。河道进入城市后（以东线高速铁路为界），未开发两岸以香蒲、茅等湿地植物群落为主，部分河段出现水葫芦、莲子草等入侵植物侵占河道，已开发两岸自然植被消失，以人工观赏植物群落为主，或者为工程驳岸无植被覆盖。下游感潮段两岸自然植被以红树林为主，东西两河均有连片分布。

2. 大茅水

大茅水以红土坎村为界上游为淡水段下游为感潮段，淡水段植被以湿地植物群落为主，感潮段植被以红树林植物群落为主。

3. 海坡内河

海坡内河两岸植被依据两岸地块建设情况分为两种：一是未开发或个人占用的地块，河道为自然驳岸，分布有天然灌草丛（如鬼针草、蟛蜞菊、狗牙根等），两岸自然湿地蓄洪池塘逐渐消失，二是两岸进行成规模开发（如鲁能小区）的地块河堤以经过整治，植被以人工植被为主，大部分河道有水葫芦、莲子草等植物群落侵占河道，水体富营养化严重。

4. 红树林生境

红树林主要分布在三亚河及大茅水的感潮河段，是重要的生物栖息地。因缺少有效的保护和近年城市化加速发展，三亚的红树林面积日益减少，由原来的片状版块演变成如今仅沿河条状分布，生物多样性降低。现状成片红树林面积约为 16.5hm²，属于三亚红树林保护界限内（表 6-2）。

中心城区红树林分布情况表 表 6-2

河道	红树林分布情况
三亚河	其中东河主要分布于潮见桥—儋州桥两岸，西河主要分布在三亚大桥—新风桥东岸，新风桥—月川桥两岸，月川桥—金鸡岭桥东岸。另外在东河临春桥—山屿湖，西河新风桥—凤凰路还有零星的红树林分布。
大茅水	主要分布于红土坎村至河口的河道两岸

5. 驳岸情况

三亚水系现状驳岸类型众多：硬质驳岸——直立式硬质驳岸、矮墙斜坡式硬质驳岸、退台式硬质驳岸；软质驳岸——自然红树林驳岸、直立红树林软质驳岸、斜坡式红树林软质驳岸、斜坡式软质驳岸；土质驳岸——自然原型土质驳岸。已建设完成防洪河道的驳岸中硬质驳岸占50%，软质及生态驳岸不足 25%，总体生态性较差。

6.1.3 现状问题分析

从水系的形态、洪涝情况、水质、生态环境、滨水区的建设情况等角度分析，三亚中心城区的水系统存在如下五方面的问题：

问题一：三亚气候多雨，局地短时降雨强度大，现状城市防洪建设相对滞后，城市存在防洪排涝的风险。

三亚河、三亚东河和大茅水部分河段已经建设堤防工程，同时在河流上游修建了多座水库等蓄水工程，减轻了城市段的防洪压力。但是三亚市现有防洪体系仍不够完善，目前尚无有效手段控制流域性洪水，蓄水工程均未设防洪库容，只能对中、小洪水起调节与削峰作用，不能作为主要的防洪工程。城市中上游地区围河造地、侵占河道现象严重，造成行洪断面减小、水面变得窄小，致使水流不畅；桥涵等水工建筑物过水面积小，洪峰过境时不利于排洪，雍水严重；加之人为垃圾的倾倒和水生植物的疯长，大大降低了河流的行洪能力。

问题二：水生态环境恶化，出现河道水流量小、红树林等标志性的植被退化、外部物种入侵、水体富营养化、河岸硬化等问题。

三亚西河和三亚东河上游均建有控制性水库，由于流域水资源开发利用程度较高，在枯水期下泄流量较小，导致中下游河道枯水生态流量不足，部分河段内出现脱水段。水体生态平衡被破坏，河岸硬化、植被退化、水体自净能力差、污染物容易积累、不易扩散。三亚河红树和半红树种类消失率达 23%。现存红树林多为次生林或人工防护林，群落矮小、物种单一，不利于红树林的恢复。

问题三：农业、生活污水直排等因素导致三亚水质恶化。

河流上游农业、养殖业等面源污染严重；中游城市段部分城边村区域排水管道缺乏，污水直排；城区排水体制为雨污合流制，虽然实施了排污口改造封堵工作，但是基本为临时措施，截流倍数较低，由于管道截流不完善、雨污管道混接错接等原因，雨季城市污水直排入河道现象仍较为普遍，严重污染河道水质。同时，旱季部分河段出现断流现象，污染物无法及时净化排出，水质恶化趋势明显。

问题四：滨水空间公众使用率偏低，开放性、亲水性、可达性差，水系无法满足公共性和开放性的城市需求。

三亚现状沿水系分布的公园数量不足、慢行道不连续、游憩体验较差，不能满足城市居民的亲水需求。三亚中心城区水系岸线以私人岸线和未利用岸线为主，滨水空间公共性和利用率较低。

问题五：水系作为三亚对外展示城市形象的廊道，现状城市滨水景观界面杂乱。

三亚河穿三亚中心城区而过，是这座旅游城市重要的景观展示廊道，但现状滨河两侧的建筑风格较杂乱，天际线、建筑色彩等缺乏统一的规划，滨河景观层次除少数河段外也显得单一。

6.2 生态修复重点内容

山的修复："山"是城市生态环境的主要屏障与资源供给，山体修复是本次生态修复工作的重要组成部分。导致山体环境恶化的原因主要有采石开山和果林侵占两方面。在三亚生态修复中，针对性地提出了相应的修复策略，包括山体复绿、边坡治理、基质改良等。

　　河的修复：基于生态格局和海绵城市建设要求，结合滨河绿道的规划建设，开展三亚两河景观规划工作，并结合现状情况分类制定相应修复策略，包括河道淤塞修复、水环境修复、红树林修复、岸线优化和截污净污等。在滨河增加公园绿地面积约 150hm^2，包括东岸湿地公园66.77hm^2，红树林公园 30hm^2、月川绿道 10hm^2、丰兴隆公园 16hm^2。修复两河红树林面积约 70hm^2。

　　海的修复：三亚的海洋环境存在港口区河口污染、海岸植被退化、驳岸受侵蚀、珊瑚礁遭到破坏等问题。针对以上主要问题，在三亚生态修复中提出了植被恢复、海水水质修复、岸线修复、珊瑚礁修复、海洋生态补偿管理办法等修复策略。沙滩岸线整治修复约 11.06km，修复滨海红树林约 70hm^2。

6.3　绿道系统生态修复

6.3.1　项目概况

　　三亚市绿道系统规划分成市域绿道和中心城区绿道两个层次。市域绿道长度约 355km，形成一带、两线、一廊、多环的空间结构，分别以山水生态、热带滨海、天涯古道、热带民俗为特色，将旅游活动从滨海一线扩展到腹地，统筹城乡生态及风景旅游资源，促进区域协调，保障和改善民生。中心城区绿道长度约 105km，连接山、河、海等生态空间，串联起 13 个城市公园及多处小微绿地、城市广场、旅游节点，成为以线串面的城市绿廊，展示三亚自然空间格局特色，提升城市品质，为三亚市民提供休闲游憩的场所。

6.3.2　生态修复原则

　　1. 保护自然基底，促进生态格局完善

市域层面保护绿色生态基底，恢复河流林网等自然廊道，并串联湿地、森林、公园绿地等关键生态节点，保护城市生物多样性，促进城市生态系统格局完善。

2. 强化空间特色，建设山、海、河绿色廊道

强调绿道作为绿色廊道空间概念，连通城市绿地与外围的山、水、林、田、湖绿色空间，展现城市的自然山水格局。将生态要素引入城市，山水风光融入城市，将破碎化的河流、浅山、滨海等自然廊道进行连接。

3. 串联公共绿地，形成绿色公共空间网络

绿道建设应转变选"线"为营造"绿廊"空间（不通顺），加强绿道所在绿色廊道空间的整体建设和提升，形成与城市生产、生活空间高度契合的绿色廊道。串联、梳理、提升现状呈破碎状的公园绿地，扩大绿地的服务半径，增加公共绿地的可达性，促进绿地均等化。

4. 形成漫游空间，打造休闲健身绿环

串联和保护绿道沿线的生态资源和旅游资源，缩小城乡差距，促进城乡一体化，满足城乡居民旅游、休闲、游憩等多方面需求。规划多样的活动与配套设施，形成绿色漫游空间，为市民提供日常休闲、游憩、运动的公共活动场所（图6-2）。

图 6-2 中心城区绿道系统鸟瞰图

6.3.3　绿道线路规划（图 6-3）

1. 月川湿地生态体验绿道

绿道规划总长度 11.91km，串联了东岸湿地公园、红树林湿地公园、三亚绿心等多个绿色空间。是串绿引绿的生态环线，是市民绿色生活的健康环廊，是提升三亚市区品质的绿色项链。

2. 山海相依鹿回头旅游绿道

规划线路总长度 15.79km，以骑行为主，步行为辅。该绿道环串联鹿回头半岛及半山半岛项目群、大东海各资源点，激活湾区；打造三亚地标性场地和三亚形象，为公众活动创造新的场所，营造三亚特色的海滨游览步行系统。

3. 浅山田园山地风情绿道

规划长度约 7km，利用此线路将临春岭公园和凤凰岭公园山地活动组织在一起。此条线路可举行环城登山赛事及日常的山地运动。

4. 椰风海韵滨海休闲绿道

沿三亚湾滨海绿带、榆林河等打造的总长度约为 33.8km 的绿道，提升现状景观设施。

图 6-3　绿道建设规划图

5. 活力海坡滨河健身绿道

此条绿道串联海坡区域的滨海度假酒店与居住区，为游客、市民提供滨水、滨海休闲健身活动，提升了海坡区域的城市品质与活力，规划长度为 11.53km。

6.4 月川绿道建设项目

6.4.1 项目概况

月川片区位于三亚东河、三亚西河交汇的扇形地带，属于三亚市滨海二线腹地，是三亚实现指状生长、山海相连的枢纽地区，以及实现海陆承接的重要片区。月川片区与周边的抱坡岭中心、高铁站、活力中心、阳光海岸等重要城市功能区片联动功能突出，处于多元的城市发展环境中。另外，月川片区位于老城区域与城市新区之间，面临多元的城市问题。

月川片区规划在三亚市"山海相连"的宏观构思中有着不可替代的作用，也是三亚市绿地系统规划中的重要一环（图 6-4）。项目以月川绿道为切入点，形成大区域项目的综合生态修复典型示范项目。

月川片区自然要素丰富，既有金鸡岭山体和湿地水系，又有滨水的红树林带，形成了月川特有的河流廊道和山体廊道，这些资源给月川片区提供良好的自然基底，此外，月川片区地形呈现为浅丘地貌，地势较为平坦，适合建设为民服务的绿色公共空间。

三亚绿地经过多年建设，取得一定的成绩，但绿地系统规划中特别是在月川片区，存在着和我国大多数城市发展中出现的相同问题：由于

图 6-4 月川片区现状绿地与规划绿地对比图

城市无序发展破坏自然山水的整体性，使绿地空间破碎、格局不连续、布局不均，绿地生态系统的稳定性和市民对绿地的感知度都不高；月川片区由于人口密集、违建侵占、驳岸硬质化、公共河岸私人占用等，使可供市民休闲健身的绿地空间不足，滨水空间可达性较差（图6-5）；月川片区的城市建设用地逐渐扩展到山前地带，山体周围用地发生了很大变化，建设用地侵占浅山区域现象明显，三亚河和临春河周边水系支流（如月川中轴区域）被填埋，红树林湿地逐渐减少（图6-6）。

图6-5　滨水空间可达性差，休闲健身空间不足

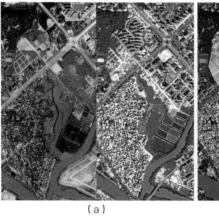 

（a）　　　　　　　　　　　　　（b）

图6-6　月川片区2003、2009、2010、2015四年水系及浅山区域空间变化航拍图

6.4.2　生态修复策略

1. 修复生态廊道，促进城市与自然和谐共生

月川绿道将滨临春河、金鸡岭、临春岭等城市山体与河道、城市绿地进行串联，形成串联城市与自然的绿色廊道，增强物种流通性，体现提升城市片区生态稳定性、构建城市山水格局特色的目的。同时使三亚月川片区形成由"滨水绿道—登山游径—城市公园"全面连结的城市生态网络（图6-7）。

图 6-7　绿道串联城
市山体、修复红树林
群落

　　月川绿道规划从全局着眼，统筹城市河流上下游、左右岸环境，通过绿道建设解决河流生态破坏严重、两岸雨污治理不当、土地利用综合效益较低、河流吸引力较弱等关键问题。利用绿道串联公共绿地打造一个系统性的绿色网络，形成以水为核心要素的线性生态空间。建立河道净化湿地系统、建立雨水收集系统、分散式布局小型污水处理设施，以实现生态效益、社会效益、经济效益的最大化。

　　保护并恢复河道红树林群落。红树林作为三亚河道生态系统的关键群落，是三亚生态修复的重要区域。月川绿道的建设一方面通过串联绿色空间，补植红树林，打通生态网络，保护和稳定红树林群落；另一方面通过拆除违建，建设重要生态节点，维护红树林的栖息地。具体的措施包括对河岸红树林生长情况进行评价，对沿岸不连续的红树林种植区域进行补植，在可拆除建设的区域扩大红树林种植面积，加强红树林观景设施管理，构建红树林预警预报系统，实施对红树林的动态监测。

　　2. 规划"城市绿链"，修补中心城区绿色空间

　　整合绿色空间，退建还绿，构筑连续生态廊道。通过拆除违法建设、收回被侵占的公共绿地、改变原有开发用地性质等手段，整合滨河空间，形成连续的绿色开放空间，促进现有巴哈马绿地的提升改造，同时新建金鸡岭公园、红树林公园、东岸湿地公园以及丰兴隆公园，构建连续的生态廊道和游憩廊道（图 6-8）。

　　同时保护好绿地与其他城市空间构架要素之间的视线通廊，控制绿廊周边一定区域内的城市建设密度，防止建筑密度过高将滨河绿地遮挡，

图 6-8　退建还绿整合绿色空间改造对比

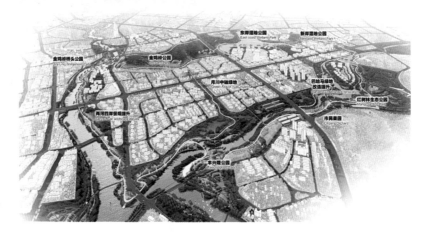

图 6-9　月川绿道串联城市魅力地区

导致"近水不见水、近绿不透绿"的现象发生。

串联城市、公园、绿地、广场、滨河等魅力地区，让绿色更易亲近（图 6-9）。月川绿道设计和选线环节上，充分依托现有的滨河、红树林、城中村等特色资源，构造登山揽海、山河相依、河海相连的绿色长廊，充分展示现有的城市公共空间、湿地自然节点、历史村落、城乡居民点等景点，并把重要发展节点作为优先串联对象。

绿道的建设改变了传统的点、面状的景观游览方式，增加了线性空间体验，也提高了其本身的游赏价值。其线路尽量成环、成网，具有开放性和连通性，随时可进出城市，方便居民的使用。月川绿道规划了多样的游赏方式，包括骑行、步行、亲水体验、红树林湿地科普教育等，丰富市民生活。

提升滨水绿地品质，重塑滨水活力。在恢复月川片区滨水空间的开敞性和连续性的同时（图 6-10），绿道的建设也改变现状绿地破败萧条的景象，通过滨水绿地的管理和维护、植被的梳理、滨水游憩服务设施的建设，如绿化提升、滨水平台的构建、夜景照明、休闲座椅的设置等，既提升了滨水的形象品质，同时形成了平安、靓丽、健康和充满活力的绿色空间，全面提升滨水区价值（图 6-11）。

图 6-10　恢复滨河
开敞，保护滨水岸线
改造对比

图 6-11　绿道建成
实景鸟瞰

6.4.3　生态修复要点

在该区域构筑绿环，为三亚中心城区提供一条"绿色项链"般的环状绿廊，同时为周边居民和游客提供一条休闲、健身，感受三亚红树林特色的休闲廊道。

1. 通过拆建回收改造，实现绿色廊道贯通

通过拆墙透绿、收回被侵占的公共绿地等手段，实现贯通 5km，面积约 10hm^2 的月川绿道一期，连接东岸湿地公园、红树林湿地公园、巴哈马公园、市民果园等公园节点，服务周边 10 个居住区及丹州村城中村，以红树林湿地恢复与展示为主要特色，有休闲游憩、体育健身、儿童游憩等服务功能。

2. 改造场地硬质驳岸，建设优美生态空间

在保留原有红树林的前提下，对原有场地硬质驳岸进行缓坡处理

（图 6-12）。通过补植木果楝、榕树等大型乔木，营造在滨水密林中体验漫步的空间。

3. 增加绿色服务设施，营造绿色休闲场所

在临近月川城中村的绿道线路中与场地结合设计跳格子、滑梯等简单的儿童游憩设施，补充休憩功能（图 6-13）。

4. 采用低扰动技术，降低建设对生境干扰

以低扰动的设计手法，降低对现状红树林生境的干扰，缩小现状游步道宽度，增加绿化面积，减缓绿化坡度（图 6-14）。梳理现状植被，保留长势良好的散尾葵、榕树等树种，补植雨树等植物，营造阴凉宜人的步行空间。

图 6-12 硬质驳岸
改造
图 6-13 营建绿色休
闲场所
图 6-14 低扰动设计

5. 实行分级分类保护，恢复红树林生态系统

对现状河道两侧红树林生长情况进行分级评价，作为恢复依据。通过"连""扩""整""用"四种技术措施进行红树林恢复。"连"：对沿岸不连续的红树林种植区域进行补植；"扩"：在不影响防洪的前提下，局部区域扩大红树林种植面积；"整"：对混入其他物种，且生长情况杂乱的红树林区域进行整理；"用"：结合游览组织，局部增加栈道等游赏设施。

对河道中红树林及几处面积较大的集中绿地进行总体规划定位，依据游人干扰度对红树林进行划分，侧重生态栖息地、生态湿地净化、市民休闲、科普教育等不同功能，将红树林的保护与利用有机结合（图6-15）。

6. 梳理雨水管网系统，打造生态海绵河岸

对河道周边城市雨水管网进行梳理，根据汇水面积测算各雨水分区汇水量，并根据汇水量确定河道内海绵设施种类与体量。将两河及周边绿地打造为一个系统性的海绵网络，从系统上解决雨水收集、净化、暴雨蓄滞等问题。

海绵系统体现在三方面：

（1）对紧邻河道的城市道路及公园绿地的地表径流收集

通过植草沟、下凹绿地、雨水花园等海绵设施，对地表径流进行收集，起到临时蓄滞的作用，减少暴雨季河道防洪的压力。

（2）对从城市雨水管网排入河道的雨水的临时蓄滞与净化

在绿地空间较大的区域，设计系统海绵体系，收集城市雨水管网排水，并利用其打造生态湿地水系景观。

（3）对城市管网中雨污混流的水体进行截流与生态湿地净化

通过潜流湿地的设计，对雨污混流水体进行生态净化。净化后的水体可作为公园绿化灌溉用水。

图 6-15 红树林恢复模式图

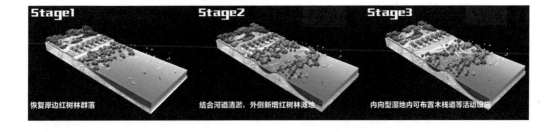

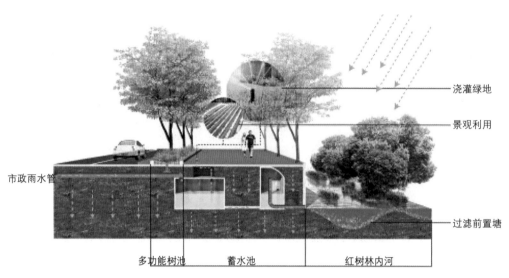

浇灌绿地

景观利用

过滤前置塘

市政雨水管

多功能树池　　　蓄水池　　　　红树林内河

（a）Ⅰ型海绵驳岸　多功能树池＋透水铺装＋蓄水池＋红树林内河湿地

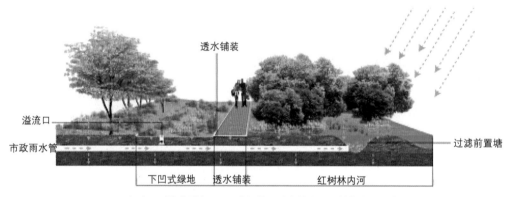

透水铺装

溢流口

过滤前置塘

市政雨水管

下凹式绿地　透水铺装　　　　红树林内河

（b）Ⅱ型海绵驳岸　下凹式绿地＋透水铺装＋红树林内河湿地

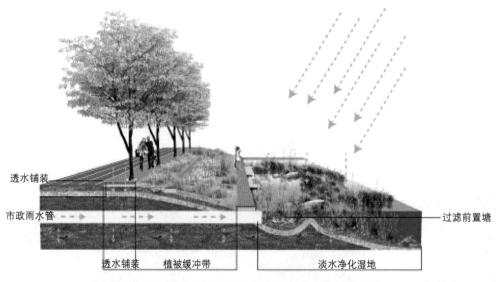

透水铺装

市政雨水管

过滤前置塘

透水铺装　植被缓冲带　　　　淡水净化湿地

（c）Ⅲ型海绵驳岸　植被缓冲带＋透水铺装＋淡水净化湿地

图6-16　生态河岸恢复模式图

6.5　公园绿地景观系统提升

6.5.1　东岸湿地公园

1. 项目概况

东岸湿地位于三亚市月川新城，西邻金鸡岭、凤凰路，东靠三亚东河。属于三亚东西两河区域湿地，是三亚市区内面积最大的淡水湿地（图 6-17）。

生态层面：生态绿肺。东岸湿地位于三亚月川片区，在三亚海绵城市建设规划中隶属于 SD-3 片区，是该区重要的生态板块，且东岸湿地作为该区最大最主要的雨洪调蓄节点，起着重要的生态作用。另外就三亚市域范围来看，东岸湿地在三亚海绵城市系统中亦占据着至关重要的生态位置，是城市雨洪管理中重要的环节。

空间层面：活力公园。东岸湿地是月川片区惟一的城市绿地，也是三亚最大的淡水湿地，不仅需要承载整个月川片区居民的活动需求，也要满足整个三亚市民的需求。场地充分利用原有关于生产性景观及湿地的记忆，将市民活动与之巧妙结合，从而将东岸湿地公园打造成三亚最具特色的活力公园之一。

交通层面：城市绿环。东岸湿地未来随着三亚城市的发展逐步被融入三亚城市化进程中。规划中湿地周边有多条重要城市干道经过，并都与湿地直接相连，在很大程度上增加了湿地的可达度，也为湿地的服务功能打下重要的基础，同时三亚的城市绿道穿过公园，未来湿地公园是

图 6-17　东岸湿地生态公园鸟瞰效果

三亚城市绿环的重要节点。三亚东岸湿地公园面积约 66.77hm²，其中水域面积（包含陂塘）约 27.50hm²，陆地面积约 39.27hm²。公园定位为具有生态示范性的，以湿地恢复、市民活动、科普教育为主的城市湿地公园，建设内容包括公园服务配套设施、场地铺装、园路、景观水体、种植工程、海绵设施、水电管线工程等。项目总投资约 5.83 亿元，其中建安费 2.6 亿元。

　　2. 规划设计

　　"水上森林"设计概念来源于"小鸟天堂"，营造淡水湿地生境的同时也能减少水面蒸发。"陂塘果园"概念来源于场地现有的"桑基鱼塘"，尊重场地特色的同时体现海绵城市的弹性特色。"台田乐园"源于"梯田"，利用梯田化解场地高差的同时提供生产性的功能。湿地公园水系分析图如图 6-18 所示。

公园水系分析图

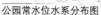

公园常水位水系分布图

公园洪水位水系分布图

图 6-18　湿地公园水
系分析图

3. 公园湿地生态提升示范

（1）恢复淡水湿地生态系统

针对现状不同的用地条件，采用林地—陂塘—滩地—水岛—大水面的生境模式，其中林地生境包括金鸡岭山体还有沿公园边界补植的背景林；陂塘采用桑基鱼塘的生境原理；滩地采用恢复湿生植物的手法，水岛采用一岛一榕的设计手法，充分还原由陆生到水生的生境系统。同时结合景观游览组织，打造集生态保护、科普教育、游览观光等功能于一体的淡水湿地生态系统。

东岸湿地公园的规划防洪要求 50 年一遇的城市洪水位标高为 4.51m，东岸湿地公园需要满足其要求，在靠近市政道路的边界结合场地现状标高利用自行车道设置隐形防洪堤，保证洪水期公园的主要游步道、设施及周边用地不被淹没。

公园作为海绵城市的重要示范点，设计过程中充分考虑雨水分区收集利用的设计方法。结合雨水边沟、陂塘、中央大水面的水网形态，布置多种海绵设施，充分收集、滞蓄、净化周边道路及场地的雨水，满足海绵城市的相关要求。

（2）适应三亚特殊气候条件的水调蓄循环系统

三亚雨旱季分布极其鲜明，旱季蒸发量极大、雨季降水集中。为长期保证园内水质水量，结合海绵设施，建立一套水调蓄系统。将公园的边界打造成陂塘，雨季可以储存大量的雨水，旱季等水量蒸发后可以变成下凹绿地；水通过边界的陂塘净化回到中央水面，中央水面则保证常年有水，保证了主要体验区的水景效果。

（3）人性化场所的构建

环形步行桥串联缝合破碎空间，设计三条完整不间断的步行绿道环廊系统，沟通串联周边用地，外层为环湖慢行道，连接金鸡岭，融入三亚城市慢行系统中，串联青山绿水，为居民提供健康生活的同时，也保证了对自然记忆的传承；中层为游憩步道，穿越陂塘和菜地、果园区，为居民提供了更多观景和体验的可能，使居民在游园过程中能更加密切地体会到场地的历史记忆；内层为景观栈桥，栈桥除本身作为一种景观外，其与榕树岛的穿插融合，更为游人提供了极具特色的游赏体验，提升了公园的服务功能。

结合三亚旱季、雨季分明的特色，设计可满足不同水位的景观需求，

现状照片　　　　建设后照片

现状照片　　　　建设后照片

现状照片　　　　建设后照片

图6-19　东岸湿地生
态公园建设前后对比

50年一遇的洪水期外层环湖慢行道及内层景观桥可以满足同行，常水位时外层、中层、内层可以同时满足居民不同体验的需求。同时考虑三亚长年高温、日照强烈的特点，公园的游步道及服务设施的设计充分考虑遮阳、降温的需求（图6-19）。

6.5.2　红树林公园

1.　项目概况

红树林公园位于三亚东河北部，月川片区与临春岭交汇处，面积35hm²。建设红树林公园需解决的核心问题是红树林退化严重，设计以红树根系理念恢复湿地系统，建立起适宜红树林生长的生境。采用人工种植与自然演替相结合的种植方式，健康稳固地恢复红树林。划分区域，分级保育，在红树林保护区与可开发区域形成鲜明的空间界定。从区域和步行体验两个不同层面建立慢行游憩系统，在自然基底之上引入休闲功能。从而建立起以红树林保护为核心的集生态涵养、科普教育、休闲游憩于一体的红树林生态科普乐园（图6-20）。

2.　设计策略

恢复生境策略，创造适宜红树林生长的湿地环境。现状的驳岸长度仅有700m，不仅被硬化，而且线型平滑，不适宜红树林生长。红树林即便可以恢复，生存空间也较为有限。恢复湿地之后，驳岸不仅更加自然，岸线长度也增加到4000m，扩大了红树林的生长范围，为形成以红树林为主题的公园提供了前提条件。

图 6-20 红树林生态景观
规划鸟瞰图

（1）恢复生境策略

创造适宜红树林生长的湿地环境（图 6-21）。

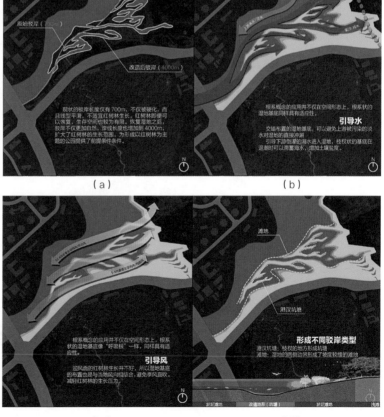

图 6-21 恢复生境策略图

（2）恢复植被策略

采用人工种植与自然演替相结合的方式恢复红树林（图6-22）。

（3）合理开发策略

划分区域，分级保育

1）以潮汐淹没程度将红树林海滩从外向内划分保护带。

2）根据红树林分布和现状资源保存情况的不同，实行分级保育，控制不同区域人流量，减少人对红树林的影响图（6-23）。

（4）合理开发策略

在可开发区域结合场地情况合理划分功能区域。策划丰富体验项目与节事活动，活化区域活力（图6-24）。

3. 公园绿地提升示范（图6-25）

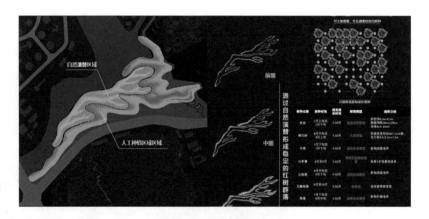

图6-22　恢复植被策略图

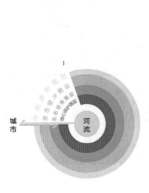

图6-23　合理开发策略图

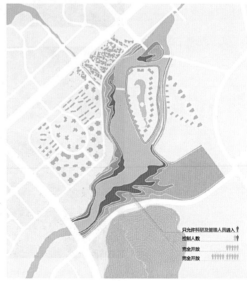

项目库

分区	策划项目
红树林科普岛	·潮汐实验塘 ·萤火乐园 ·实验温室 ·科普小径
红树林游乐园	·净化台田 ·市民广场 ·红树林码头 ·运动路径 ·户外剧场 ·慢行 loop
红树林生境园	·红林游径 ·红林认知园 ·红林科普栈道 ·净化科普塘 ·红林育种园
红树林丰果园	·都市果园 ·缤纷果林 ·亲子互动果园 ·认养果林 ·有机水果繁育基地

红树林科普岛
该区域为河流中的小岛，并且地处咸淡水交汇区域，生态敏感性高

红树林游乐园
该区域周边为大型的居住用地，未来将主要服务于周边居民的活动

红树林生境园

红树林丰果园
该区域临近为市民果园，但是面积过小果园的局限性种植基底延伸至红树林公园与其共同开发，形成规模与联动效应

延续山体生境

图 6-24　合理开发策略图

施工前现状

施工前现状

公园施工过程情况

红树林施工过程情况

图 6-25　红树林公园绿地提升施工前后对比

6.5.3　丰兴隆生态公园

1.　项目概况

公园用地面积 6hm²，定位为具有生态示范性的，以市民活动、科普教育为主的城市生态公园。丰兴隆公园选址从生态效益、公共空间、交通组织等多方面出发，以问题导向为切入点，最大程度提升并优化生态公园的绿地景观系统，力争建设环境优美、功能丰富的城市生态公园。总平面图如图 6-26 所示。

（1）生态层面：两河交汇、生态咽喉

三亚两河交汇口位于三亚主城区的中心，空间上联系了不同的城市片区与组团。同时这里也是三亚两河沿线公共绿地资源分布最集中的区域，是两河生态系统的咽喉要道。多元的城市界面、充足的绿地

图 6-26　丰兴隆生态
公园总平面图

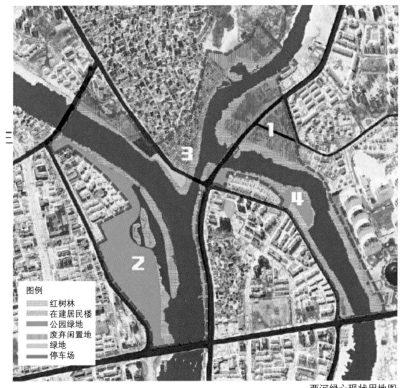

图例
红树林
在建居民楼
公园绿地
废弃闲置地
绿地
停车场

图 6-27　两河绿心现
状用地图

两河绿心现状用地图

空间、纷杂的生态矛盾，使其成为两河景观整治修复的"生态咽喉"（图 6-27）。

（2）空间层面：居民聚集、空间短缺

两河交汇口周边的城市用地以大面积居住用地为主，居民对户外公共开放空间的需求迫切。而此区域虽然规划绿地空间充足，但违建侵占、建设滞后、设施不足等问题十分严重，无法满足居民的使用需求。

（3）交通层面：河桥穿行、交通混乱

现状用地被河道和城市交通分成了多个相对独立的区域，交通组织混乱，人车混行严重，大大降低了公园绿地的使用效率，存在很大的安全隐患。

2. 设计理念

公园以"两河绿心、浪漫花桥"为设计理念，通过对这一区域滨河生态空间的梳理设计，为城市打开了一个"透气孔"，解决慢行交通组织、生态科普教育、公共空间营造、城市文化展示等问题。

3. 公园绿地景观提升示范

（1）建立生态水调蓄循环系统

公园作为海绵城市的重要示范点，设计过程中充分考虑雨水分区收集利用的设计方法。设计具有净化功能的雨水净化系统，将上游 31.2hm² 用地内的市政雨水引入公园之中，利用潜流湿地设备进行净化处理（图6-28）。公园内部布置多种海绵设施，充分起到示范作用。将中水管网引入园内，作为补充水源，打造可以应对不同季节特征的水循环系统。

（2）恢复红树林生态系统

通过对滨河滩地塑造，营造适宜红树林生长的环境，根据水体含盐量，确定红树林种植种类。部分地段结合景观设计，形成岛状形态，木栈道穿插其中，将生态恢复与景观游览有机结合。

（3）营造多层次热带植物空间

丰兴隆公园植物种植突出三亚热带地区特色。整体选用三亚本地树种，棕榈科植物与阔叶乔木搭配，灌木地被密植。丰兴隆公园打造热带花园，以兰花作为主要品种，多种混合搭配，形成特色兰花园。

（4）创建人性化活动场所

公园中为周边居民提供了较多的开放空间和便捷的公共设施。公园北区设计展览馆与游客服务中心，使其成为新的城市文化场所。

图 6-28　净化湿地植物设计剖面图

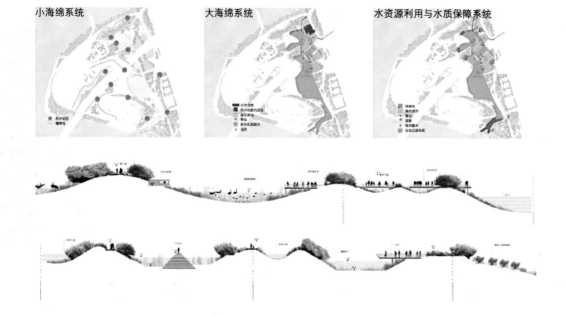

草坡剧场建成后照片

图 6-29 建成后效果图

生态滤池建成后照片　　　水系建成后照片　　　水系建成后照片

（5）连通滨河慢行步道

设计三亚"美丽之环"步行桥，串联丰兴隆公园在内的两河交汇口多处绿地，最大限度发挥公园绿地对周边的辐射作用。步行桥全长2700m，将河口绿地合理串联，可高处远眺，可林间漫步，可贴水而行，创造丰富的游览体验。

公园建成后效果图如图 6-29 所示。

6.6　总结分析

6.6.1　绿道系统生态修复及建设指引（图 6-30）

绿道先以线性慢行道保证串联畅通，再通过慢行道激活周边的公园绿地进行建设、改造、提升，逐步实现以线串珠的绿色空间结构。

绿道线路应优先串联人口密集区域，提高绿地的均好性和可达性，提高绿色空间使用效益。

　　绿道系统规划为保证绿道的连续贯通，需要与河道生态修复、红树林规划、交通线路规划、湿地公园设计等多层次规划设计进行协调，为此绿道从滨河型、滨海型、山地型、公园型、联络型五个大类 11 个小类提出了不同的建设指引，指导相关设计规划的落地实施（图 6-29）。

图 6-30　绿道建设类型指引

	索引编码	分类	设计指引	断面指引	现状照片	效果意向图
滨河型（A）	A1	滨河绿地	· 对现有绿地内游径进行改造； · 游径重新铺设透水材质，增加标识系统，隔一定距离设置亲水平台； · 绿道游径宽度规划为 2.5~3.0m			
	A2	湿地栈道	· 绿道游径为离岸式，架设在水中； · 铺设木栈道，增加标识系统； · 湿地栈道规划宽度为 2.0~2.5m			
	A3	红树林	· 对现有红树林内游径进行改造，增加标识系统及科普教育标识； · 新建游径采用低扰动的木栈道形式，配以标识系统； · 绿道游径宽度规划为 2.0~2.5m			
滨海型（B）	B1	海滨绿带	· 对现有绿地内绿道进行改造； · 游径重新铺设发光材料，增加标识系统；营造海滨发光绿带； · 绿道游径宽度规划为 2.0~2.5m			
	B2	礁石海岸	· 在礁石海岸外侧假设木栈道； · 利用低扰动方法沿礁石海岸铺设木栈道；沿途添加绿道警示牌，木栈道外边缘设置栏杆； · 绿道游径宽度规划为 2.0~2.5m			
山地型（C）	C1	登山径	· 对已有的山路进行改造； · 应用自然砾石、原木等乡土材料铺设游径，对道路绿地进行提升，增加登山安全标识系统； · 绿道游径宽度规划为 2.0			
	C2	浅山风景游径	· 对现有绿地及步道进行改造； · 统一道路铺装，增加标识系统；局部设置观景平台； · 绿道游径宽度规划为 3.0m			
公园型（D）	D1	公园外骑行道	· 在公园外侧绿地中铺设绿道或对人行道进行改造； · 统一道路铺装，增加标识系统；局部设置观景平台； · 绿道游径宽度规划为 2.0m			
	D2	公园步道	· 借用公园内步道，进行改造； · 统一道路铺装，游径两侧绿地进行景观提升，增设休闲设施及标识系统； · 绿道游径宽度规划为 3.0m			
联络型（E）	E1	道路绿带	· 对现有绿地及步道进行改造； · 统一道路铺装，增加标识系统； · 绿道游径宽度规划为 1.5~2.0m			
	E2	借道路非机动车道	· 在规划中绿地空间不足地段采用； · 游径在原有铺装上进行标识化改造； · 绿道游径宽度规划为 1.5~2.0m			

6.6.2 公园绿地景观系统提升策略

推进城乡一体绿地系统的规划建设，构建覆盖城乡的生态网络，提升绿色公共空间的连通性与服务效能；优化城市绿地系统布局，加大公园绿地建设，消除城市绿地系统不完整、破碎化等问题；推广立体绿化，竖向拓展城市生态空间；实施老旧公园提质改造，强化文化建园，提升综合服务功能。

1. 建立生态水调蓄循环系统

为长期保证园内水质水量，结合海绵设施，充分考虑雨水分区收集利用的设计方法，建立一套水调蓄系统，可利用潜流湿地设备进行净化处理。将公园的边界打造成陂塘，雨季可以储存大量的雨水，旱季等水量蒸发后可以变成下凹绿地；水质通过边界的陂塘净化回到中央水系，中央水则保证常年有水，保证了主要体验区的水景效果。将中水管网引入园内，作为补充水源，打造可以应对不同季节特征的水循环系统，同时体现中水回用的理念。

2. 营造多层次植物空间

优化植物景观，形成层次鲜明、景观丰富的休闲环境，局部可贯通湖面—草坪—道路间景观视线；梳理堤岸植物景观，打开湖面景观视线，完善滨水景观界面；增加公园边界高大乔木的种植，屏蔽外围城市环境对公园的不利影响。

3. 创建人性化活动场所

公园中设计提供给周边居民较多的开放空间和便捷的公共设施。完善公园休闲活动场地设计及公共设施设置。例如：优化环园道路铺装，形成环园健身道系统，形成方便舒适的休闲健身环境。

案例编写单位：三亚市规划委员会
案例编写人员：黄海雄、高中贵、聂竹君

天津市桥园生态修复工程

7.1　工程概况

　　桥园位于天津市河东区,南临盘山道,东以天山路为界,西北朝向卫国道立交桥呈扇形展开,占地22hm²(图7-1)。东南两侧为城市干道,是公园与城市的活跃交界面,周边社区人口近30万人。原来是一个废弃的打靶场,北侧尚有一土堤;场地低洼,有鱼塘若干;地面建筑物已被拆除,残留杨、柳树若干。场地现状垃圾遍地,污水横流,盐碱化非常严重。2005年,念及附近30万居民缺乏游憩绿地,市政府决定在此辟建公园,作为天津市城市观景改造重点工程,由天津市环境建设投资有限公司主持兴建,委托北京土人景观与建筑规划设计研究院设计。2006年春开工兴建,2008年5月正式建成。

　　项目改变通常城市公园的建设理念和方法,以全面改善生态系统服务为目的,应用生态恢复和再生的理论和方法,进行城市绿地建设和城市废弃地的生态恢复。运用简单的填—挖方技术,营造微地形形成海绵体,收集酸性雨水,中和碱性土壤,形成一个能自我繁衍的生态系统,同时形成一个美丽的城市公园。让自然做工,将生态修复的过程变为提供生态系统服务的过程。

图 7-1　桥园区位图

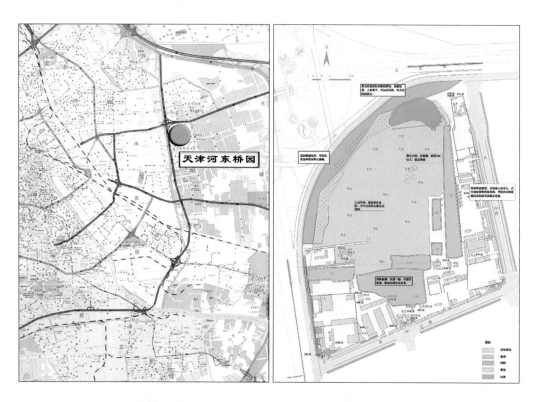

7.2 现状评估

天津市东临渤海北靠燕山，平原、滩涂、湿地、低海拔和盐碱地是这里最广泛分布和常见的自然景观类型，地下水位很高，水系发达。微小的海拔变化，都会带来地面土壤特性包括水分和盐碱强度等物理及化学特性的变化，这种变化最终都将反映在植物群落上。近年来随着城市的快速扩张、大地景观的破碎化、水系的填埋和污染，使天津富有特色的湿地景观正在日益消失（图7-2）。因而，保护和利用具有地域景观特色的湿地具有重要意义。

图7-2 桥园用地现状
及土地适宜性分析图

7.3 修复目标

桥园的设计目标是以"生态系统服务仿生修复技术"为核心来解决土壤盐碱化和生境破坏问题，在将城市废弃地恢复为城市绿地和开放空间的过程中，绿地的全面提升和改善为城市提供多样化的生态系统服务，包括雨水收集、生物多样性保护，地域景观特色的恢复，为周围城市居

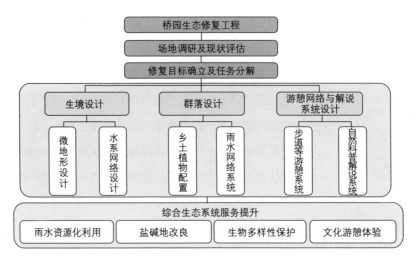

图 7-3　桥园生态修复
技术路线

民提供良好的游憩空间等。本项目设计的核心理念是开启自然过程，让自然做功，修复生态系统，使公园能为城市提供多样化的生态系统服务而不是成为城市经济和环境的负担，形成高效能、低维护成本的生态型公园。其技术路线如图 7-3 所示。

7.4　设计方案

设计策略主要分为两部分：一是针对天津独特的盐碱地条件，通过地形设计形成一套人工湿地系统，对雨水进行收集过滤；二是利用收集的雨水，形成与不同水位和不同酸碱度水质相适应的乡土植物和人工湿地景观，从而实现盐碱地上的生态恢复。桥园总平面图如图 7-4 所示。

7.4.1　生境设计（微地形构建与水系网络设计）

桥园的生境设计核心在于微地形的设计和水系网络设计。通过地形设计，形成 21 个半径 10~30m、海拔 1~5m 的坑塘洼地，这些坑塘洼地用来收集场地内的全部雨水。每个洼地都有不同的标高，海拔高差变化以 10cm 为单位，有深有浅，有的深水泡水深达 1.5m，直接与地下水相连；有浅水泡；有季节性的水泡，只有在雨季有积水；有的在山丘之上，形成旱生洼地。不同的洼地具有不同的水分和盐碱条件，形成适宜于不同植物群落生长的生境（图 7-5、图 7-6）。在营造地形的过程中，场地的生活垃圾就地利用，用于地形改造（图 7-7、图 7-8）。

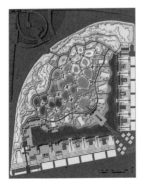

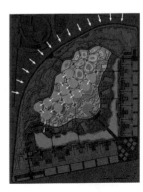

图 7-4 桥园总平面图　　图 7-5 不同深浅不同 pH 值坑塘洼地　图 7-6 雨水管理系统示意图

图 7-7 天津桥园施工过程：微地形构建

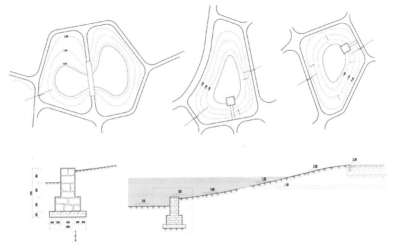

图 7-8 天津桥园典型湿地泡子的平面和施工细部图

7.4.2　群落设计

　　由于每个小型湿地都有不同的标高，因而会有不同的水分和土壤的物理和化学特性。根据水质和土壤的特性，选择不同的植物配置，形成与场地小环境适应的多种植物群落。群落的形成从种子开始，起初在每个低洼地和水泡四周播撒混合的植物种子，种子的选择是设计师根据地域景观的调查、取样配置，应用适者生存的原理，形成适应性植物群落。只要条件合适，其他的本土物种也会自发地侵入。雨季由于地下水位升高，有的会变成池塘，有的会变成湿地，有的会变成季节性的水泡，有的仍然是旱生洼地。由于季节性降雨的灌溉效果，旱生洼地的盐碱性土壤得到了改善，养分沉积到存储雨水较深的池塘中。这些群落是动态的，这种动态源于两个方面，一方面源于初始生境不能满足某些植物的生长，所以被播种的植物在生长过程中逐渐被淘汰。另一方面，一些没有人工播种的乡土植物，通过各种传媒不断进入多样化的生境，成为群落的有机组成部分。随着季节更替，多种乡土水生、耐碱的植物群落在各个洼地适应性地生长起来。尽管在盐碱地树木难以生长，但由于水位和 pH 值细微的变化，公园的地被植物和湿地植被非常丰富（图 7-9、图 7-10）。

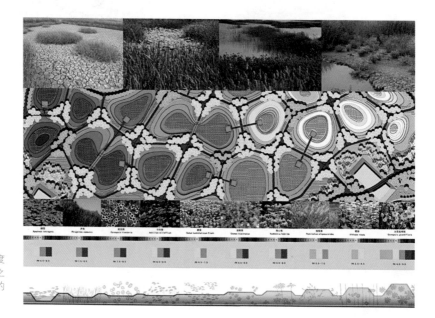

图 7-9　水泡的深度及 pH 值将决定与之相适应的植物群落的发生和演变

（a）　　　　　　　　　　　　　　　　（b）

图7-10　与地形相适应的乡土生境实景
（a）深水泡子在夏季布满睡莲、狼尾草和其他本土野草
（b）浅的湿地泡子生长着莎草、芦苇为优势种的湿地植物群落

7.4.3　游憩网络与解说系统设计

在修复的自然生态本底上，引入步道系统和休息场所。团状林木种群在水泡之间配置，由当地最为强势的柳树作为基调树种；多个洼地和水泡内都有一个平台，伸入群落内部，使人有贴近群落体验的机会。洼地和水泡间的游步道连接成网，雨水自流入水泡之中。在每个类型的群落样地边设计解说牌，对每个类型的自然系统包括水、植被和物种进行科普解说，在体验乡土景观之美的同时，获得关于地域自然系统的知识。

7.5　主要技术

该项目中主要采用生态系统服务仿生修复技术，来解决土壤盐碱化和生境破坏问题，为城市提供多样化的生态系统服务。

7.5.1　让自然做功

"让自然做功"，这句话看上去似乎并不那么深奥，但是其背后却掩藏着系统的生态学知识。生态工程与传统工程具有本质区别，生态设计是依靠生态系统自设计、自组织功能，由自然界选择合适的物种，形成合理的结构。人工的适度干扰，是为生态系统自设计、自组织创造必要条件。在生态修复中，有一种"无作为选择"（do nothing option），主

要依靠生态系统自调节（self-adjust）和自组织（self-organization）
功能，让系统按照其自身规律运行、恢复。这也是该项技术最不同于常
见的生态修复工程技术的核心理念。"生态系统服务仿生修复"强调的
是：我们所做的不是替代自然、统治自然，而是尊重自然系统的完整性
和连续性，尊重水、土、生物等不同元素之间的内在作用机理，尊重物
种的演替规律、分布格局和运动规律，在这一尊重的基础上模拟自然和
利用自然的自我修复功能。所以，通过人工措施创造栖息的潜在环境后，
依靠自然修复功能逐渐恢复生境，但并不排除采用工程措施、生物措施
和管理措施。

7.5.2　构建多样化微地形空间组合

　　微地形改造是指人类根据科学研究或改造自然的实际需求，有目的
地对地表下垫面原有形态结构进行二次改造和整理，形成大小不等、形
状各异的微地形和集水单元，能有效增加景观异质性、改变水文循环和
物质迁移路径，其空间尺度一般在 0～1m 范围内波动。其实黄土高原、
云南干热河谷、西班牙地中海及其他类似地区修建的鱼鳞坑、反坡台、
水平阶、水平沟、水平槽、各类梯田，以及沟道内的谷坊和淤地坝等水
利设施，都属于大小不一和形状各异的微地形改造措施。这项传统的适
应性技术被现代科学所重视，已在湿地、采矿区、废弃地、草地、森林
恢复方面有所开展。

　　地形的丰富性是仿生修复技术开展的基础，微地形改造的本质是通
过调整水土接触面的理化、生物性质，以自然做功的方式完成场地自然
演替和再生，从而改变小气候和微生境，恢复生态系统服务。在实际设
计和建设工程中多利用场地本身具有的地形差异，结合填挖方，营造具
有梯级变化的丰富地形系统，同时还能大量节约建设成本。

7.5.3　以水为媒介结合微地形构建相适应的乡土生境重建与演化系统

　　生态系统恢复过程涵盖了土地、水、空气三个界面，为了确保与毗
邻生态系统进行适当的物质流动和交流，所有生态系统恢复应该以场地
特征入手，在景观尺度上进行，以水作为媒介进行生态系统恢复实践。

深浅不一的洼地收集的雨水量不同，越深的洼地，土壤饱和后水深越大，雨水滞留时间也越长，甚至常年含水；越浅的洼地，雨水饱和后收集有限，甚至溢流入周边洼地。地形差异结合水量差异会导致水热条件的差异，为营造丰富的生境打下基础。利用土壤、水热条件的差异组合，通过乡土植物混播开启与微环境相适应的乡土自然群落演替过程，自然群落演替形成的植被在相互竞争平衡之后系统更为复杂和稳定。

7.6　修复效果

公园建成后实现了最初的设计目标：雨水滞留在洼地中；水敏感的适应性群落得以演替繁育。植物出现了四季变化，并伴随着"杂芜"的乡土植物之美。昔日的一块脏乱差的城市废弃地，在很短时间内经过简单的生态修复工程，成为兼具雨洪蓄留、乡土生物多样性保护、环境教育与审美启智和提供游憩服务、多功能的生态型公园。公园的造价低廉，管理成本较低。

总体上，项目通过地形改造，利用深浅不一的坑塘洼地收集、净化雨水，同时促进植物的自然演替营造多样的生境，引导自发的生态修复，经济、高效地解决了场地的污染、生境退化、不可亲近等问题。改造前后如图 7-11 所示。

图 7-11　天津桥园场地改造前后

改造前　　　　　　　　　　　　　　改造后

7.6.1　生态效益

设计人员对天津桥园进行了使用后生态修复效果的评估。采用天津站降雨量数据（数据引自中国气象科学数据共享网，《中国地面气候标准值年值数据集（1971 – 2000年）》），根据不同材质径流系数，结合施工前后地形和分区图，根据径流公式的计算，可得出桥园公园的雨水收集量。年收集来自周边道路及屋顶雨水总计约（1.16×10^8）m^3，回补地下水总量约（1.0×10^7）m^3；所蓄积的雨洪水蓄滞量达到（7.8×10^7）m^3；削减雨洪径流近乎100%，近（3.2×10^7）L。再利用暴雨洪水管理模型（SWMM）模拟（表7-1），对公园施工前后进行流域概化处理，建立模型，结果显示建成后，蒸发量减少一半以上；地表径流削减了一半以上；雨水下渗量增加，更有利于回补地下水。

天津桥园建成前后 SWMM 分析结果 　　　　　　　　　　　　　　　　　　表7-1

暴雨频次（a）	降雨量（mm）	蒸发量（m^3）		下渗量（m^3）		表面径流量（m^3）		外溢量（m^3）	
		建成前	建成后	建成前	建成后	建成前	建成后	建成前	建成后
1	9860	330	90	4270	8780	4027.33	163.84	0	0
2	12490	350	110	5390	11030	5190.94	288.41	0	0
3	14020	350	120	6040	12240	5874.17	486.54	0	0
5	15960	360	140	6850	13470	6756.26	1030.41	0	0
10	18590	370	150	7850	14780	8049.87	2174.98	160	0
20	21210	380	160	8700	15800	9493.48	3559.56	170	0
50	24690	390	170	9630	16950	11608.80	5571.56	172	10

通过生态系统服务仿生修复技术模块，新增乔木48种，草本91种，以及动物6种。增加了如迷迭香、黄帝菊、金雀花、藿香蓟、一年蓬、决明、橐吾、杠板归等。2950棵遮荫树和8997m^2芦苇每年吸收约539吨碳（图7-12）。

根据设计种植图和设计人员访谈获取公园2008年5月的种植资料，2012年8月再次统计孢子区植物种类，发现各泡泡的植物种类也发生了变化。干孢子内的平均植物种类多于湿孢子的（图7-13）。

桥园公园原场地盐碱化严重，分别在2011年11月、2012年8月、2012年12月从场地取过3次水样和土样，进行pH值测试。结果显示，水体pH值从原本7.7降低至6.8，土壤pH值从7.7降至7，总体改善了水土质量（图7-14）。

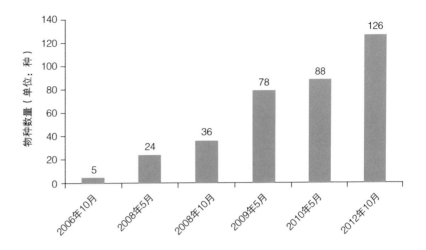

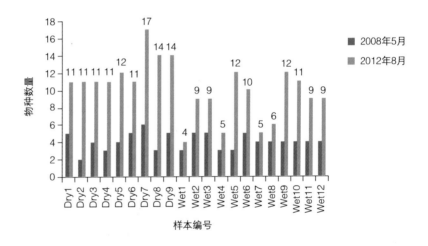

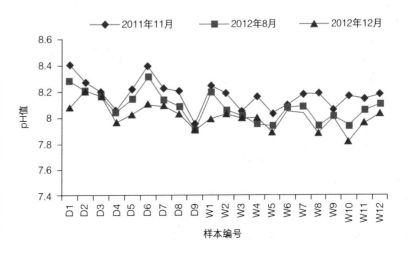

图 7-12 由于雨水
对土壤和生境的改
良，使植物多样性不
断提高

图 7-13 每个孢子
内植物种类数量在列
年中的变化

图 7-14 对21个干、
湿孢子的 pH 值变化
情况的实际检验表明
微地形改造对改良土
壤具有明显作用

7.6.2　经济效益

　　因植被随自然环境演替变化,相比传统公园灌溉绿地,每年可节约近百万元。基于生态系统服务仿生修复技术模块建设的公园生态湿地泡子,维护管理方面无需除草、修剪、灌溉和施肥,可在维护成本上每年节约 11.8 万元。利用乡土植被播种、种植,不仅有利于对雨洪、水质等水问题的修复,还可节约成本每年达到 3.1 万元。公园南侧商业建筑出租每年可获租金 70 万元,相比传统公园工程建设,可节约 176.4 元 $/m^2$,也就是说,对于场地 207267m^2 的景观,可节约 3656.2 万元。根据原本场地遗迹,场地铺装 84.5m^3 地砖采用原旧枕木,在铺装费用上节省约 16.0 万元。

7.6.3　社会效益

　　现今,桥园公园(图 7-15)成为天津重要的旅游目的地,年入园人数达到 35 万人。有审美启智和教育意义的园区,在学校和社区组织下,约 600 个孩童和 500 个学生可参与公园的环境教育体验任务。根据

图 7-15　桥园建成
实景

问卷调查，周边 20000 名住户，普遍提高了其对生态环境改善的认知，约 83.2% 的游客赞同公园的生态设计方式。提高了周边住户的游憩体验，受访居民每天会花费至少 15min 时间来这片城市绿地休闲散步，有 26 条公交线路通过桥园公园。公园降低噪声能力可从 70dB 降低到 50dB。

天津桥园生态修复设计单位：北京土人景观与建筑规划设计研究院

建设单位：天津市环境建设投资有限公司、天津市绿化工程公司、帕克园林工程有限公司

管理单位：天津市河东区公园管理二所

案例编写人员：俞孔坚、石春、林里、洪敏

山体修复

依据山体自身条件及受损情况，对采石坑、凌空面、不稳定山体边坡、废石（土）堆、水土流失的沟谷和台塬等破损裸露山体，采用工程修复和生物修复方式，修复与地质地貌破坏相关的受损山体，保护动植物多样性和水源涵养相关的植被，在保障安全和生态功能的基础上，进行综合改造提升，充分发挥其经济效益和景观价值。

第 8 章　济南市卧虎山山体公园生态修复工程

项目位于济南市市中区，为解决多处山体破损、植物破坏、地表径流以及水土流失、泥石流等问题，优先采用平立面结合整治法，通过生态修复建设，应用破损山体修复和海绵城市策略，结合地形现状进行合理的功能分区、道路规划以及植物配置，将卧虎山山体公园营造成了一个自然生态与文化内涵兼具的城市山体公园。

第 9 章　呼和浩特市大青山冲积扇地质环境生态修复工程

项目位于内蒙古呼和浩特市，为解决大青山前坡 33 处采砂坑、大面积土地破坏、水土流失及大面积扬沙等生态环境破坏和功能退化问题，优先采用集约化改造，通过多梯级放坡、景观林带营造、植被修复等生态修复技术，实现城区北部大青山南麓改造。

济南市卧虎山山体公园生态修复工程

8.1　工程概况

项目位置：位于济南市中区

项目规模：设计范围共计 46hm²

研究范围：总面积约 700 亩

研究阶段：2015 年 2 月～2015 年 3 月

设计阶段：2015 年 3 月～2015 年 5 月

施工阶段：2015 年 5 月～2015 年 10 月

卧虎山位于济南市市中区，属于千佛山风景名胜区金鸡岭景区，为三级保护区，其北侧是金鸡岭、东侧遥望佛慧山及蚰蜒山，是以休闲、娱乐、健身为主的山林游览区，占地约 700 亩。由于前期的建设开发以及自然灾害频发，给卧虎山的生态稳定性造成了一定的压力，卧虎山出现多处山体破损，植物遭到破坏，形成多处地表径流，引起水土流失、泥石流等问题。针对这种山体破损情况济南市政府决定对"三区一线"（风景名胜区、自然保护区、城市规划区和主要交通干道沿线）可视范围内的破损山体进行专项整治，卧虎山山体公园的生态修复建设为专项整治典型示范项目。

项目位于阳光舜城以西，历阳大街以南，东靠旅游路，西邻舜耕路。如图 8-1 所示，山体周边多为居住区、学校及商业办公区，属于人口密

图 8-1　卧虎山区位图

集区域，对山体公园的使用率相对较高，所以在山体生态修复建设的前提下，还需满足公园的功能性和实用性。

8.2 卧虎山现状问题及分析

8.2.1 现状分析

1. 地形分析

卧虎山地处山丘陵区，地形复杂，坡度较大，山体海拔在 125 ~ 245.5m 之间，东坡山势舒缓，西坡山势陡峭（图 8-2）。

2. 地质分析

整个山体的石灰岩层受到地壳表层的挤压应力作用，褶曲形成一向斜构造。顶峰的石灰岩层鳞次栉比，排列翘起，倾斜的石灰岩岩层特征鲜明，具有较高的观赏特质（图 8-3）。据地质专家考证，卧虎山上的石灰岩形成于距今约 4.8 亿年前后，倾斜的岩层层面上，保存下了当时小动物在未固结的碳酸盐类沉积物表面上所留下的足迹、爬痕或食泥动物的钻孔等活动遗迹，形成奇异的"虫迹构造"。

规划范围线

	高程：230.6m~245.5m
	高程：215.6m~230.5m
	高程：200.5m~215.5m
	高程：185.6m~200.5m
	高程：170.6m~185.5m
	高程：155.6m~170.5m
	高程：140.6m~155.5m
	高程：125.6m~140.5m

图 8-2 高差分析图

图8-3 现状地质条件

3. 现状植被分析

卧虎山现状植物种类相对单一，多为侧柏林，生长较为旺盛，局部栽种黄栌片林，主要分布在山顶和东坡，林相比较单一，植物的种植方式多采用片植，局部因开山采石，植被层遭到破坏，植被稀少甚至没有植被覆盖，景观性差（图8-4）。

图8-4 植被分析图

- — · — · — 规划范围线

- ☐ 黄栌
- ☐ 侧柏成林
- ☐ 侧柏幼林、侧柏混交幼林
- ☐ 荒地
- ☐ 居民侵占用地

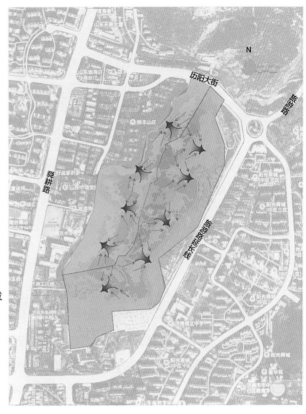

图 8-5　汇水分析图

4. 水文分析

山体以山脊线为界，分为东、西两坡，从图 8-5 中可以看出山体的汇水区域主要集中在山谷处，东坡共有 5 处汇水区域，西坡共有 4 处汇水区域，此区域易形成地表径流，水土流失较严重，并且现状存在大量通过雨水冲刷下来的碎石。

8.2.2　存在的问题

1. 山体破损，存在安全隐患

由于早期对卧虎山石灰岩的不合理开采，现状出现大量石质边坡和碎石边坡，破损面积大，存在安全隐患，并严重影响卧虎山整体生态景观。

2. 林相单一，生态与景观效果差

卧虎山植物种类单一，破损山体植草退化严重，植物种植方式多采用片植，缺乏多重复合化的种植模式。

3. 局部高差较大易形成地表径流，雨水冲刷现象明显

因卧虎山山体坡度较大，局部破损严重，山石裸露，植被稀少，雨水的调蓄能力相对较差，易形成地表流量，而且雨水冲刷的区域伴有大量的碎石。

4. 基础设施不完善，游线组织相对单一

现状景观建设不成体系，无法满足周边使用人群游园的需求，休憩设施、指示系统、照明系统、雨水收集系统等相应缺少，道路系统不完善。

8.3　卧虎山生态修复建设总体规划

8.3.1　规划思路

1. 卧虎山生态环境的恢复

借鉴以往济南市对破损山体公园建设的经验，结合国内外对山体公园生态修复的有效治理方法，通过对现场的实地考察，本着"先固山，后复绿"的设计原则，提出"平立面结合整治法"。

考虑到山体位于济南人口密集区域，建设用地紧张，设计中保留一定可建设用地。根据测量计算，确定山体破损处平面以及易形成地表径流区域的范围和距离，通过设计之前对实地的多次详细查勘，从安全、美观、生态多方面综合考虑，并进行多视角的立面绘制，比较分析，因地制宜地采取局部破损山体修复以及整体山体雨水调蓄系统。

（1）破损山体面可采用上部人工爆破建造种植平台，下部堆土蓄坡种植植物，最大限度地美化遮挡和生态恢复。

（2）地表径流严重区域采取设置鱼鳞坑、水平阶、回填土、覆植物等方式减少水土流失，截留雨水。

2. 卧虎山破损山体功能的重建与景观特色的营造

针对原有山体功能单一，结构简单，景观效果差等特点对山体进行规划改造，营造一个集功能、景观效果为一体的山体景观大环境。

8.3.2　规划原则

1. 生态恢复原则。生态保护优先，规划尽可能维持山地原生态面貌，以生态恢复的综合方法实现山体破损面的植被修复。

2. 可持续发展原则。协调好资源保护与开发的关系，达到社会效益、经济效益、环境效益的统一。协调近期效果与远期稳定性的关系，消除山体不安全因素。

3. 经济适用原则。重点考虑山体稳固、绿化覆土、树种的选择以及后期管理等因素，减少不必要的开支。

4. 分期开发原则，实际建设中，对功能分区、政策措施和开发时序三个方面进行合理安排，保证卧虎山山体修复及公园开发规划，具有较高的可操作性。

8.3.3 目标定位

以分类治理、因地制宜为原则，以填土蓄坡度、生态绿化为具体措施，兼顾安全性、经济性和可持续性，形成绿色生态山体公园，达到以山地景观为特色，融游憩观赏、休闲健身、科普教育多种功能于一体的城市生态山体公园。

最终实现以下效果：

1. 通过对现状破损山体的合理整治，形成具有景观观赏性、生态、安全的山体；

2. 通过对林相的改造，形成合理、稳定、景观丰富的植被群落；

3. 通过雨水调蓄有效蓄积水分，减少流失，涵养山林；

4. 通过对基础设施和游线的合理规划，形成完整的山体生态公园体系。

8.4 卧虎山生态修复建设方案

通过对现场的实地勘察，结合原有景观及道路，对卧虎山山体公园进行生态修复及改造，在满足功能性的基础上，减少对自然生态的破坏，卧虎山生态规划总平面图（图 8-6）。

8.4.1 景观结构布局

根据山体现状，围绕山脊线及两大主入口打造"一带、四区、多节点"的景观格局（图 8-7）。

图 8-6 卧虎山生态
规划总平面图

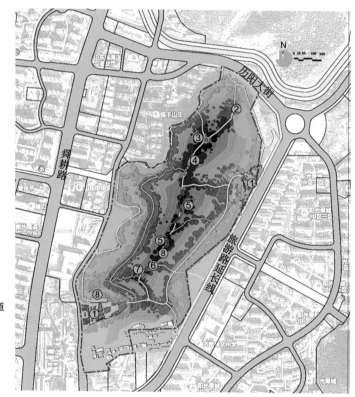

① 主入口
② 观景平台
③ 石阵迷宫
④ 健身广场
⑤ 石海百米栈道
⑥ 望远亭
⑦ 碉堡遗迹
⑧ 虎山石刻

图 8-7 卧虎山景观
结构布局

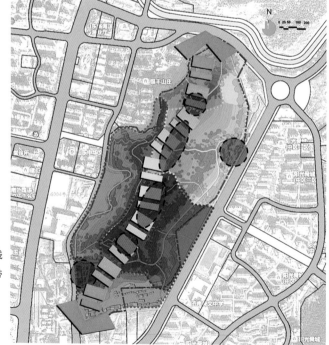

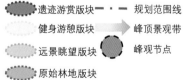

一带：峰顶景观带，贯穿南北山脊线，主要景点集中区域，观赏效果佳。

四区：根据现状的地形条件和景观特色，将卧虎山分为遗迹游赏板块、健身游憩板块、远景姚望板块、原始林地板块，四区以生态为主，又各具景观特色。

8.4.2 破损山体治理

对卧虎山山体进行生态修复，首先是土石方工程。

1. 人工排险

对破损面现有的破碎松散且不平整岩石或松散的浮石及岩渣进行清除，以达到破损面的稳定性和安全性。

2. 破损面削坡开平台

根据山体高差和设计需求，在破损面开设平台，通过回填种植土，种植植物的方式遮挡破损立面。主要方法包括爆破削坡和机械削坡两种，根据破损面的高度和破损石质条件以及覆土回填的最高限确定削坡开平台的层数。

3. 整平场地回填渣土、回填种植土

回填渣土和种植土时要满足符合自然安息角角度要求的种植斜面，然后栽植绿化苗木遮挡破损面。根据卧虎山破损山体绿化方案的需求，平台上回填渣土整平后于渣土上回填 1.5m 厚种植土，相邻平台间高差低于 2m，以 1∶1 坡度顺坡衔接，若高于 2m，于高平台上砌筑挡墙。

4. 断崖底部砌筑种植池

距断崖底部边缘 3m 处，以 1∶2 坡度回填渣土（渣土压实，夯实系数＞0.9），然后覆盖种植土，种植常绿植物。

5. 挂网喷播

在断崖坡度陡、难处理的区域采用挂网喷播技术对破损面进行遮挡。

8.4.3 雨水收集系统规划

卧虎山雨水调蓄系统以渗、滞为主，蓄、用为辅，通过合理的解决措施，提高卧虎山山体的水源涵养能力，削减雨水径流排放量。

卧虎山位于大明湖兴隆试点区。可实现年径流总量控制率为85%，对应的设计降雨量为41.3mm。

根据公式 $V=10H\phi F$，得出卧虎山山体公园的目标调蓄容积为4919m³（表8-1）。

卧虎山山体公园雨水调蓄数据表   表8-1

汇水面种类	济南85%年径流总量控制率对应的设计降雨量 H（mm）	径流系数 ϕ	汇水面积 F（hm²）	设计调蓄容积 V（m³）
山体	41.3	0.3	39.7	4919

卧虎山东坡共有5处汇水区域，多处山体破损，根据其位置、高差、地形等特点进行调蓄规划。主要措施有：

（1）在山谷汇水区域选择平坦区域设置渗透塘、渗透沟等，形成自然景观。

（2）植物修复上结合种植穴设置水平阶及鱼鳞坑，对雨水进行截留。

（3）设置截流沟，拦截雨水，并根据高差设计，将拦截的雨水导入渗透沟，一部分用于旱溪景观，另一部分导入蓄水池，进行存储再利用。

（4）修建糠粮沙道路，增加道路两边绿化种植。

西坡断崖较陡，山石裸露较严重，雨水冲刷现象明显，现有大量冲刷下来的碎石。西坡共有4处汇水口，主要措施有：

在断崖处进行绿化补植，坡度较缓处增加回填土，结合种植穴设置水平阶，通过植物对雨水进行截留。坡度较陡处设置截水沟，通过挂网喷播与开平台法进行绿化种植（图8-8）。

（5）在山谷汇水区域选择平坦区域设置渗透塘、渗透沟等，形成自然景观。

8.4.4　植被修复规划

根据对卧虎山现状植物的调查分析，在原有植被层的基础上进行修复，布局上以混交林为主，混交、纯林相结合，使山林植物景观与人文及大自然景观相协调，形成多种风景林景观。植被覆盖率达95%以上，以乔木为主，乔木数量占总栽植数量的90%以上，优先考虑常绿

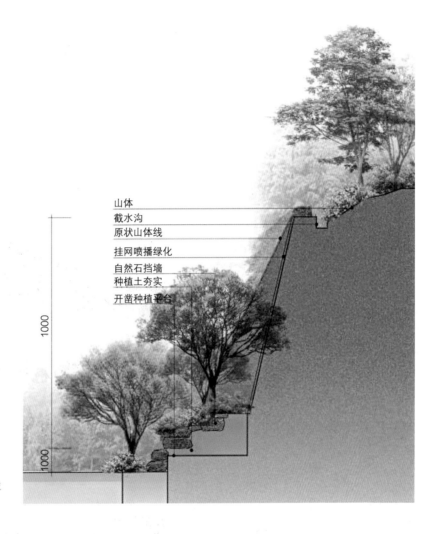

山体
截水沟
原状山体线
挂网喷播绿化
自然石挡墙
种植土夯实
开凿种植平台

1000

1000

图 8-8　陡坡绿化截流处理方式

树种，常绿比例达到 70% 以上，同时常绿树与落叶树相结合，速生树与慢生树相结合，乔、灌、藤、地被相结合，每公顷山林配置种类不少于 3 种。

同时植物的选择尽量符合本地的植物群落结构，从而实现良性的生态循环。主要以乡土树种为主，选择根系发达、生长茁壮、无病虫害的树种，主要包括：

乔木：刺槐、国槐、白蜡、黄金槐、五角枫、龙柏、蜀桧等。

灌木：金银木、花石榴、木槿、山桃、榆叶梅、连翘等。

攀岩植物：爬山虎、五叶地锦、扶芳藤等。

8.5　修复效果与项目亮点

　　通过生态修复建设，将破损山体修复和海绵城市建设策略应用其中，结合地形现状进行合理的功能分区、道路规划以及植物配置，将卧虎山山体公园营造成了一个自然生态与文化内涵兼具的城市山体公园。

8.5.1　破损山体修复前后对比（图8-9～图8-12）

图8-9　修复前边坡现状　　　　　　　　　　图8-10　修复后实景照片

图8-11　修复前边坡现状　　　　　　　　　　图8-12　修复后实景照片

8.5.2　雨水调蓄效果

　　通过设置调蓄设施，最终可以达到的调蓄容积为4920m³，提高了整个公园的水源涵养能力，削减了雨水径流量，从而减少了水土流失发生的可能性（表8-2，图8-13、图8-14）。

卧虎山山体公园多功能雨水调蓄总体措施分布 表 8-2

X 坡	名称		数量	单位	调蓄容积（m²）
东坡	湿塘		534	m²	320
	渗透塘		584	m²	350
	渗透沟		1514	m	1363
	截流沟		320	m	56
	绿化种植	水平阶	3833	m	638
		鱼鳞坑	630	个	
	糠粮沙道路		1672	m	41
	糠粮沙广场		276	m²	5
	蓄水池		100	m³	100
	透水铺装		1849	m²	23
	毛石道路		1375	m	28
	总计				2924m²
西坡	渗透塘		378	m²	226.8
	渗透沟		1619	m	1457
	绿化种植	水平阶	1652	m	269.2
		鱼鳞坑	215	个	
	糠粮沙道路		731	m	18
	蓄水池		25	m³	25
	总计				1996
总计					4920
目标					4919

图 8-13 调蓄湿塘实景照片　　　　图 8-14 糠粮沙调蓄实景照片

8.5.3　战争遗迹景观

图 8-15　战争遗迹效
果图
图 8-16　战争遗迹实
景效果图（一）（下左）
图 8-17　战争遗迹实
景效果图（二）（下中）
图 8-18　战争遗迹实
景效果图（三）（下右）

　　对于山体南北的战争遗迹，坚持保护与重生的设计理念，保留场地的肌理与记忆，进行整理与复原，重新组织游赏路线，梳理文化脉络，使之成为卧虎山的亮点与特色。战事遗迹被鉴定为市级文物保护，在遗迹东北角西南角设计二层观景亭，可鸟瞰整个战争遗迹全景；在入口处结合坑道与廊架，进行军事科普宣传，达到一定的示范作用（图8-15～图8-18）。

8.5.4　百米石海栈道

　　山顶分布有较为集中的倾斜石灰岩地貌，形成"石海"。为使人们便于通行、保护和观赏地质景观，沿石海一侧设置栈道（图8-19、图8-20），并在最佳观赏处放大平台，便于游人驻足、观赏。这种处理方式既保护了山石的原始风貌，又为人们的通行丰富了体验。

图 8-19　百米石海栈
桥实景照片（一）
图 8-20　百米石海栈
桥实景照片（二）

8.5.5　东坡主入口

主入口（图 8-21～图 8-23）利用原有采石形成的大平台建设具有
疏散功能的入口空间，场地南北长，东西狭，南侧因开山形成较大的断
壁，已采用毛石砌垒挡墙的方式挡土，挡墙高 3m 不等，外露黄皮料石，
外观朴素、整洁。空间布局将一组由连绵山峦变形而来的构架与之融合，
既可遮挡挡墙，又巧妙形成场地中的休憩空间。场地的核心景观为借助
平台与山地之间的高差，形成两级水面，一层观山石落水，主要登山道
路可缘水而上，二层形成开阔平静的水潭，在树影花丛掩映中，若即若
离。水之源与山谷相连，雨季蓄集雨水，形成一定的水景观。广场中的
坐凳采用石笼装入山上的小料石，凳面木作的形式，构型与廊架相一致。

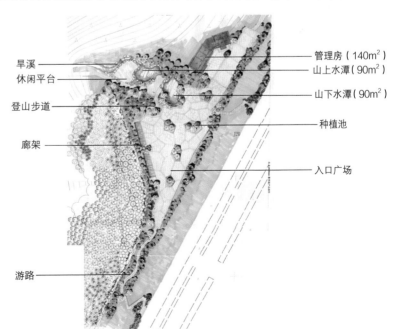

旱溪
休闲平台
登山步道
廊架

游路

管理房（140m²）
山上水潭（90m²）
山下水潭（90m²）
种植池
入口广场

图 8-21　主入口广场
平面图

图 8-22　主入口广场实景图（一）

图 8-23　主入口广场实景图（二）

8.5.6　健身广场

在不破坏现状布局的基础上，进行生态化的改造。利用糠粮沙对广场进行重新铺装，柔软舒适的铺装为健身安全提供了保障。同时场地内增设木质健身器械，木材取自于山体里长势衰败的侧柏，既环保又富有当地特色。健身空间北侧增加新建亭廊，既给市民提供了休憩空间，也是登山步道尽头的点睛之笔（图 8-24、图 8-25）。

图 8-24　健身广场实景效果图 1

图 8-25　健身广场实景效果图 2

设计单位：济南园林集团景观设计有限公司

建设单位：济南林场

管理单位：济南市城市园林绿化局

施工单位：济南园林开发建设集团

案例编写人员：安吉磊、陈朝霞、王春红、庄瑜、李永涛、李斌、袁丽梅

第 9 章

呼和浩特市大青山冲积扇地质环境生态修复工程

9.1　工程概况

9.1.1　项目背景

为深入贯彻落实"五大发展理念",建设"美丽呼和浩特",提升大青山前坡生态环境,保护首府水源地,呼和浩特市委、市政府于2012年底启动大青山冲积扇生态修复工程,重点对城区北部大青山南麓实施改造。工程实施区域位于阴山山脉大青山南麓中段的冲积平原地段,西起回民区东棚子村,东至新城区大窑村。项目区东西长约45km,南北平均宽约3.4km,规划面积约150km²。

历史上,由于过度开采建设用砂土,在上述冲积扇规划建设区域内,由012县道至陶卜齐村区域,自西向东形成33处采砂坑,土地破坏面积累计达154.72hm²,引起水土流失及大面积扬沙等恶劣环境问题,同时严重影响首府水源安全,破坏了区域内的地形地貌景观和整个大青山生态环境。

作为大青山冲积扇生态修复工程中的重要组成项目——地质环境修复,自2012年项目立项至今,经过近五年的规划建设,本着因地制宜规划,适地适树植绿的原则,高起点规划、高标准建设,通过占用、填平,生态园林改造,削坡顺势绿化覆盖等多重手段,打造并扩展生态片区,使该区域地质环境景观得以有效恢复。该工程的实施既有力恢复了生态,又起到了涵养水源,保持水土,净化空气的作用,成为大青山整体生态综合治理工程的典型示范。

9.1.2　区位分析

该项目将大青山南麓哈拉沁沟至野马图村区域内的5个废弃采砂坑实施生态修复建设(图9-1、图9-2)。工程治理采砂坑面积达51.2hm²,并结合砂坑周边现状,实施大规模绿化造林,大力营造森林景观及大地生态景观,通过环境资源整合,打造了三处功能完善、景观丰富、颇具规模的城郊生态片区,分别为由16号、17号采砂坑改造的哈拉沁沟水系生态保护区、由6号、7号采砂坑改造的哈拉沁沟沙坑景观治理区、由33号采砂坑改造的呼和塔拉草原萨仁湖,面积总和约212.4hm²。

图 9-1 大青山冲积
扇采砂坑分布总图

图 9-2 开展地质环
境生态修复的采砂坑
分布位置图

9.2 建设初期问题及分析

9.2.1 现状分析

1.区位及周边环境分析

哈拉沁沟水系生态保护区位于大青山哈拉沁水库下游 15km 处,毗邻 G6 京藏高速呼和浩特城区段,位于环城水系东河区段的水源北始端,属东部区进入呼市的门户景观区。2012 年以前,由于建设砂土的过度开采,临近哈拉沁水系的 16 号、17 号采砂坑有逐年拓展的趋势,采砂坑外沿面积总和近 34hm²,坑底与坑顶相对高差最大为 46m,且与河道堤防距离过近,导致部分堤防堤基外露,影响了河道行洪安全。此外,由于周边居民环境保护意识薄弱,采砂坑逐渐变成了生活垃圾和建筑垃圾肆意堆放的"垃圾坑",严重威胁水源地安全。16 号、17 号采砂坑原貌如图 9-3,图 9-4 所示。

图 9-3　16 号采砂坑原貌

图 9-4　17 号采砂坑原貌

图 9-5　由西向东看 6 号采砂坑原貌

图 9-6　由北向南看 7 号采砂坑原貌

图 9-7　由东向西看 7 号采砂坑原貌

　　哈拉沁沙坑景观治理区由位于大青山前坡生态路以南的 6 号、7 号采砂坑改造而成（图 9-5～图 9-7），项目区位于京藏高速（G6）以北，哈拉沁沟以东，哈拉更新村以西的冲积扇平原地区中部，改造前，采砂坑外沿面积 14.4hm²，极限高差达 33m，两处砂坑位置相连，原貌为大面积垂直立壁，景观效果差且存在土方塌陷危险。

　　呼和塔拉草原萨仁湖位于大青山前坡野马图村南侧 1km 处，生态路以南，呼和塔拉大街以北，奎素村以西 1.5km 处，砂坑外沿面积约

图 9-8　33 号采砂坑
修复建设前原貌

2.8hm^2，内部呈两级陡坎，坑底北高南低，极限高差约 20m。砂坑外围周边地势平坦，东南侧有较好的草原植被景观片区，东侧又临近亲切质朴的村落片区，使得此处采砂坑成为该地区亟待景观改造的重点区域。33 号采砂坑修复建设前原貌如图 9-8 所示。

2. 植被分析

建设前，哈拉沁沟水系生态保护区河道流域植被退化，生态脆弱，周边有部分一般农田已被村民弃置，成为撂荒地，基本未栽植农作物。原有防洪驳岸为刚性混凝土立壁驳岸，景观性差（图 9-9）。据调查，自 2003 年哈拉沁水库建成蓄水以来，水库每年只放水 1~2 次，河道水流夹杂大量泥沙，多年平均含沙量为 25.9kg/m^3；待水库关闸后，河水在 1~2 天完全消失，只剩河水冲刷后的裸露砂石，没有植被覆盖。

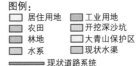

图例：
☐ 居住用地　☐ 工业用地
☐ 农田　　　☐ 开挖深沙坑
☐ 林地　　　☐ 大青山保护区
☐ 水系　　　☐ 现状水渠
━━━ 现状道路系统

图 9-9　哈拉沁沟水
系生态保护区周边用地
类型图

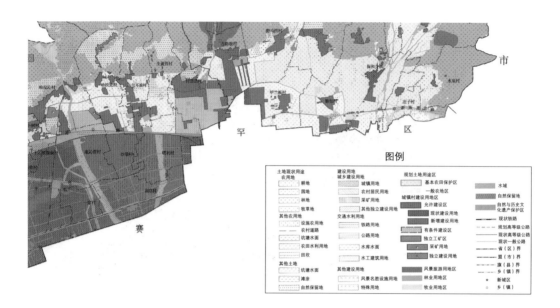

图 9-10　哈拉沁沙坑 景观治理区周边用地 类型图

　　哈拉沁沙坑景观治理区在修复建设初期，项目地周边为大量一般农田和有条件建设区（图 9-10）。农田区域存在大面积弃置撂荒现象，植被覆盖率低，杂草丛生，景观效果差，农业收益率低。由于采砂破坏，造成一定区域土壤表层裸露，地表径流系数大，水土流失严重。

　　呼和塔拉草原萨仁湖片区——原 33 号采砂坑周边区域有着大面积的草原和几条天然山洪沟渠，四周为开阔的草原景观，经过之前数年的耐旱耐盐碱的草种播种，一些片区还形成了良好的缀花草坪效果，充满自然野趣。由于该区域地下水位较高，采砂坑弃置后，坑底及坑边缘土壤为中等密实的黏性土，但仍有大块径河滩石存在。33 号采砂坑建设前期如图 9-11 所示。

　　3. 土壤及水样分析

　　建设前期经检测，哈拉沁沟水系生态保护区、哈拉沁沙坑景观治理区及呼和塔拉草原萨仁湖片区的土壤 pH 值均呈碱性，水样亦为碱性，检测结果见表 9-1：

图 9-11　33 号采砂坑建设前期

土壤及水样检测结果　　　　　　　　　　　　　　　　　　　　　　　　　　表 9-1

区块	检测项目	单位	实测值
哈拉沁沟水系生态保护区	土壤 pH		8.31
	水样 pH		7.55
	土壤水溶性盐总量	g/kg	0.74
	水样全盐量	mg/L	327
哈拉沁沙坑景观治理区	土壤 pH		8.17
	水样 pH		7.62
	土壤水溶性盐总量	g/kg	0.76
	水样全盐量	mg/L	572

9.3　生态修复建设总体规划

9.3.1　规划思路

在地形地貌景观恢复基础上，恢复治理区的植被，保护水源地安全，营造森林景观及大地生态景观，结合城郊生态公园建设，根本上改善治理区生态环境，从而达到"变废为宝"的目的。

9.3.2 规划原则

本着"安静、绿色、休闲、田园、留白"的总体要求和"生态保护为主、休闲观光为主、适度开发为主、低密度为主"的原则，全面加强对原有地质地貌环境的综合整治及修复建设，克服了该区域生态环境资源禀赋不足的困难，改变区域环境恶劣的旧貌，努力将规划区域打造成为兼具环境保护与生产发展功能的复合式生态保护片区。

9.3.3 规划定位

因地制宜，充分尊重现状立地条件，整合基址内宝贵的地貌资源、植被资源、历史人文资源，通过低影响生态开发手段，增绿护绿，恢复植被，形成具有一定规模和特色的区域生态环境。

将临近哈拉沁沟的 16 号、17 号采砂坑与河道水系景观建设结合，营造大型生态湖面景观节点，并在保证行洪安全的前提下，建设亲水广场及临水步道，开展湖区绿化；将 6 号、7 号采砂坑通过景观改造，削坡放坡，打造成一处围合面积为 57hm² 的下沉式"绿谷"；将居于开阔草原地带视线聚焦处的 33 号砂坑与临近建设的中蒙博览会大型蒙古包组团建筑结合，改造为清澈宁静的"萨仁湖"（蒙语意为"月亮湖"），烘托自然纯净的草原风光。

9.3.4 规划愿景

通过该项工程的逐年建设推进，不断修复此类废弃的地质景观，并在改造区域周边实施大规模绿化造林，构建均衡丰富的植被景观，提升周边生态景观品质，增设基础设施，着力将整个区域打造成为生态环境优美、自然资源丰富、历史人文底蕴深厚的呼市近郊生态片区。

9.4 生态修复实施方案

整体项目规划着眼全局、注重大生态、小景观建设、打造重要节点景观；将近远期结合、经济与生态结合、景观与生态紧密结合。

9.4.1　因势就利、集约化进行改造

在充分对场地周边环境进行踏勘调研后，将改造的采砂坑与周边环境特质相结合，科学合理进行土方工程规划，降低建设成本和资源消耗，遵循集约化原则打造特色各异的生态片区。

1. 哈拉沁沟水系生态保护区

位于哈拉沁沟沟口处的 16 号、17 号采砂坑内，遍布多年累积的建筑垃圾和生活垃圾，再次倒运，运距长，运输量大，势必花费较高的运输成本和工期成本（图 9-12）。通过多次细致勘测和计算，我们将后期规划河床区域的垃圾就近回填至沙坑陡坡坡脚底部，即后期驳岸坡面下部，并进行一定强度的碾压，其上方以周边区域立壁驳岸放缓过程中的适宜种植的土方覆盖，覆盖平均厚度达 3m 以上，满足后期驳岸植物栽植条件。景观湖面的面积和布局位置的确定也充分考虑了防洪和土方平衡要求，协调平衡最为节约的建设成本与最佳景区效果之间的关系。

2. 哈拉沁沙坑景观治理区

考虑到 6 号、7 号采砂坑南北分布状态和横断于二者之间相对平坦的采砂工程通道（图 9-13），生态治理方案紧密结合地形特点，将两沙坑底部规划为南北两处人工湖，将经长时间碾压，基层扎实的采砂通道作为公园主游路线布置首选，使得园区主路结构更为稳定安全，一定程度上规避了因基层沉降带来路面开裂、塌陷的隐患。根据坡度和地势，设计环形游园车行道，使道路系统畅通顺达，减少高成本的挡墙建设，同时也构建了对园区的多角度游赏线路（图 9-14）。

3. 呼和塔拉草原萨仁湖

2015 年 11 月举办的中蒙博览会会址选在了大青山脚下，地势平坦、地形开阔的呼和塔拉草原，举办会议的大型蒙古包群落紧邻野马图 33 号采砂坑。综合场地条件和景观规划需求，通过景观放坡和入水草坡驳岸营建，将该采砂坑改造成为一处静水面，形成面积约 3.8hm^2 的人工湖泊，为博览会周边环境增添了丰富的景观内容。散布于入水驳岸的河滩石均筛选自采砂坑放坡改造过程中的大块砾石，通过园林匠师们的谋划，将部分形态卵圆的砾石组合搭配，精心布置，构成了湖岸线的自然亲切景观特质（图 9-15）。这种就地取材的细节应用，大大降低了景观营建成本。

图 9-12　16号、17号采砂坑治理前影像图

图 9-13　6号、7号采砂坑治理前影像图

图 9-14　哈拉沁沙坑景观治理区前期规划建设效果图

9.4.2　生态性与景观性结合进行方案优化

1. 哈拉沁沟水系生态保护区

在对哈拉沁沟河道综合治理中，将 16 号、17 号采砂坑与河道河床相结合，于临近高速桥区段，结合水利工程，营建一处大水面，拓展蓄水水域面积，生态修复方案结合原有上游河道线型，"化直为曲"，削弱原有河道刚性驳岸的渠化效果，改为流畅自然的河道线形，并以营建河沟两侧丰富多彩的景观层次为目标，对两岸生态进行全方位优化改造，将其演化成为灵动的水系景观展示带（图 9-16）。

此外，通过对河床比降及驳岸竖向分析，在水利堤坝改造建设中，摒弃了成本较高的集中跌水消力池建设，而是选择结合河道曲线线型，进行逐级挡水坝跌水放坡，解决现状高差问题，建设成本降低了 50% 以上，也实现了良好的水系景观效果。在河床防渗及河道驳岸的处理方面，

图 9-15　由 33 号采砂坑修复改造后的萨仁湖实景

图 9-16　哈拉沁沟水系生态保护区河道设计方案效果图

利用防渗土工布、铅丝笼石、格宾笼石与挡水植生袋结合的处理方式，在保证水安全的前提下，使河道的景观性与生态性巧妙融合（图 9-17）。

2. 哈拉沁沙坑景观治理区

在将 6 号、7 号采砂坑修复改造为生态游园的过程中，特别注重对自然形态的模拟，在满足坡道通行安全要求下，结合地势，有的放矢地倒运土方，对原砂石立壁进行"山""脊""沟""谷"的改造营建，达到"虽由人作，宛自天开"的景观效果。哈拉沁沙坑景观治理区地形整理施工场景如图 9-18 所示。

此外，此类修复建设项目中，应用了大量彩色透水混凝土的铺装（图 9-19），一方面节省了顺坡就势规划的道路异型铺装材料的切割工序，另一方面还可以将地表水渗透回收于自然土壤之中，实现景观与自然的交互联系，契合了"海绵城市"的理念和要求。

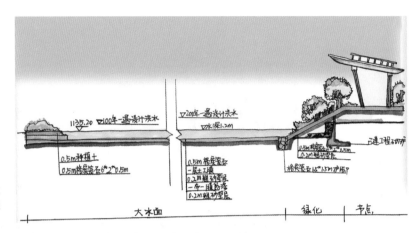

图 9-17　哈拉沁沟水
系统生态保护区河道驳
岸处理示意图

图 9-18　哈拉沁沙坑
景观治理区地形整理
施工场景

图 9-19　哈拉沁沙坑
景观治理区彩色透水
混凝土铺装

9.4.3　特色化多手段进行陡坎放坡

1. 多梯级放坡

面对高差大、坡度陡的采砂坑立壁，采用多梯次，多层级放坡形式，放坡一定长度后，形成一级景观界面，规划设计亭廊等景观构筑物，再进行第二层级放坡，构成下一层级景观界面，根据观景角度将观景平台区域交错布置，缓解大坡度给人们带来的空间压迫感，弱化坡道区段乏味单一的景观感受。

图 9-20 哈拉沁沙坑景观治理区景观林营建初期实景

2. 通过营建景观林带弱化陡坡高差

于不同坡度之上，营建群落式景观林带，通过树种之间的高低搭配，弱化陡坡竖向高差感觉。将高大的乔木分片栽植于地势较低处，独立围合空间；将亚乔木组团栽植于地势较高处，开辟园区高处通透的观景界面，由此带来更为丰富的游赏体验（图 9-20）。

考虑到临近园路一侧的土坡，会因雨水冲刷，导致坡体砂石泥土污染园区路面，因此，选择栽植如紫穗槐、榆叶梅等耐瘠薄、生长量大的灌木进行固坡处理，形成一道天然绿色"挡墙"，对裸露的土坡景观起到一定遮挡作用。

9.4.4 适地适树、进行植被修复

根据建设前期对土壤及水样的检测结果，在植被修复方面，严格遵循适地适树原则，提高栽植成活率。在树种选择规划上，注重满足集约化养管需求，多选择耐旱、耐寒、耐瘠薄的乡土树种；注重常绿树与落叶树以及乔、灌、地被的搭配比例，营建层次丰富的植物群落景观。注重经济林与景观林结合，增加具有景观效果的果木类树种栽植，在提升生态景观效益的同时，增加经济效益。根据以上指导原则及各采砂坑基址条件，在哈拉沁沟水系生态保护区内，补植大量抗旱、耐涝的植物，起到保持水土、涵养水源的作用，在保证河道泄洪排涝功能的前提下，利用植被修复，综合改善哈拉沁沟周边整体水土环境，为大青山冲积扇地带增加一处自然、生态、活力的滨水空间。对哈拉沁沙坑景观治理区则侧重于观赏性强、色叶季相效果显著的景观林栽植，从而营建多样化

的景观节点空间。值得一提的是，哈拉沁沙坑景观治理区周边大面积生态栽植工作也与修复建设工作同时启动，在围绕项目基址四周的核心区内，以栽植兼具生态效益和观赏价值的果木类及花灌木植物为主；在外围边缘地带，以栽植防风性、抗逆性较强的大乔木为主，构建大范围景观生态防护林带。区域内所栽植树木，涉及 25 个苗木种类，总计 120 余万株丛。其中果树 7 个品种 11 万株，其他大规格乔木 13 个品种 10 万余株，灌木类 5 个品种 100 万株丛，在有效改善生态环境的同时，形成集生态恢复、环境保护、旅游观光为一体的绿化格局，明显改善了沙坑景观治理区的周边生态环境，防风固沙，保持水土作用突显（图 9-21）。萨仁湖片区则注重原生孤赏树、微地形与周边草原风光的搭配。各景区树种选择明细见表 9-2。

各景区树种选择明细表   表 9-2

景区	乔木类	灌木类	地被类
哈拉沁沟水系生态保护区	樟子松、云杉、油松、桧柏、侧柏、白蜡、国槐、皂荚、榆树、新疆杨、梓树、旱柳、垂柳、金叶榆、紫叶稠李、暴马丁香、海棠、山杏、火炬、山桃、卫矛等	紫穗槐、金叶榆篱、丁香、连翘、重瓣榆叶梅、女贞、丁香等	撒播草籽
哈拉沁沙坑景观治理区	樟子松、云杉、油松、白蜡、国槐、糖槭、旱柳、垂柳、金叶榆、紫叶稠李、暴马丁香、山楂、李子、123果树、接骨木、山杏、火炬、山桃、卫矛、金丝垂柳、金银木等	红瑞木、连翘、绣线菊、榆叶梅、女贞、华北丁香、四季丁香、金银木、红叶李篱、紫叶小檗、紫穗槐、沙地柏等	萱草、三七景天、五叶地锦、鸢尾、撒播草籽
呼和塔拉草原萨仁湖	杨树、榆树、糖槭、蒙古栎等		整铺草皮及撒播草籽

图 9-21 哈拉沁沙坑景观治理区周边的大面积生态栽植成果

9.4.5 景观服务于人

　　根据景区特点设置园林景观游赏节点，适度布置景区游路和尺度合宜的观景构筑物。如：在哈拉沁沟水系生态保护区内设置亲水栈道、临水平台、入口观景广场及滨水步道系统（图9-22）；于哈拉沁沙坑景观治理区多样化的用地空间内，结合地势，布置观景古建阁楼、亭廊组合、跨水栈道（图9-23）、登山步道系统等；环萨仁湖四周规划环湖健步道和勒勒车景观小品等（图9-24）。经过近5年的分期建设，由采砂坑废弃地修复改造而成的三大生态景区的绿化已基本稳定成熟，增设基础设施，不断完善景区功能，使景观服务于人，使人亲近于自然，实现绿色生态福利的全民共享。

图 9-22　哈拉沁沟水系生态保护区入口广场实景

图 9-23　哈拉沁沙坑景观治理区古建阁楼及跨水栈道

图9-24　萨仁湖周边
实景

9.5　修复效果

图9-25　哈拉沁沟水
系生态保护区生态修
复前的恶劣状况

随着大青山冲积扇地质环境生态修复工程的实施，使得修复建设区域内生态效益与社会效益逐年显著提升（图9-25～图9-29）。在此工程的示范和推动作用下，大青山南麓自西向东，逐步建成了乌素图召庙文化保护区（图9-30）、乌素图森林公园、万亩生态育苗基地、万亩草场、雅马图森林公园（图9-34、图9-35）等精品景区，与本案例中的三大景区一起形成了多处万亩以上生态建设分区，并由生态路和呼和塔拉大街两条道路生态景观"绿线"串接，完成生态建设面积约118km²，栽植树木1290万株（丛），种草10389亩，为大青山南麓构建起了一道天然绿色屏障。

图 9-26　哈拉沁沟水系生态保护区生态修复前期施工场景

（a）　　　　　　　　　　　　　　　（b）

（c）

图 9-27　呼和塔拉草原萨仁湖生态修复建设前后对比

图 9-28　哈拉沁沙坑治理区建设前原貌

图 9-29　哈拉沁沙坑治理区生态修复后实景

图 9-30　哈拉沁沟水系生态保护区生态修复后实景

图 9-31　乌素图召庙文化保护区实景

图 9-32　雅马图森林公园植被修复后良好的森林景观效果

设计单位：内蒙古北国繁辰景观设计有限责任公司

建设单位：呼和浩特市园林管理局

管理单位：呼和浩特市人民政府呼和浩特市园林管理局

案例编写人员：宋慧、周和平、王文、田新、王晓敏、薛岚、余晓

龙、张俊杰、杨高鹏、王文学、曹玉峰

水体修复

坚持"控源截污是前提",系统开展城市河流、湖泊、湿地、沿海水域等水体生态修复,按照海绵城市建设和黑臭水体整治等有关要求,从"源头减排、过程控制、系统治理"入手,采用经济合理、切实可行的技术措施,恢复水体自然形态,改善水环境与水质,提升水生态系统功能,打造滨水绿地景观。

第 10 章 贵阳市南明河水环境综合治理二期 PPP 项目

项目位于贵州省贵阳市,为解决南明河水环境问题,优先采用"政府主导、机制创新、依法治理、科技支撑、全民参与、长治久清"的宗旨,整体规划,分期实施。通过生境构建、生态修复、微污染补水净化等技术手段,实现南明河生态系统的恢复,形成较稳定的水质调节功能并发挥积极的景观效果。

第 11 章 杭州市长桥溪流域水生态修复公园项目

项目位于杭州市,为解决长桥溪小流域水生态修复与人居环境改善问题,优先采用物理、化学、生物、生态等手段实施长桥溪水生态修复,通过地埋式污水处理系统与地表人工湿地系统,实现生态、观赏、休闲、科普教育和水生态修复为一体的城市小流域生态修复项目。

第10章

贵阳市南明河水环境综合治理二期PPP项目

10.1　工程概况

10.1.1　项目背景

南明河属长江流域乌江支流，位于长江上游生态敏感区，干流全长215km，在贵阳市境内100km，城区段长36.4km，分别接纳麻堤河、小车河、市西河等5条支流，被誉为贵阳人民的"母亲河"。南明河上游河流水系图如图10-1所示。

随着工业化进程加快和人口迅速增长，城市规模不断扩大，城市污水处理设施、收集管网建设严重滞后，导致南明河水质和环境状况持续恶化，主河道及部分支流水质变成劣Ⅴ类水体，"黑臭"现象突出，严重影响群众正常生产和生活。南明河三江口至红岩桥两岸河堤主要为钢筋混凝土的硬质结构，河道两岸沿线完全将陆地与河道隔断，阻碍了河道生态系统和陆地生态系统的联系。河堤两岸的缓冲带上主要种植陆生植物，堤内侧仅在截污沟盖板顶有限空间内种植些景观植物，几乎没有水生植物，河堤的生态性较差。改善水环境、恢复水生态，综合治理南明河、保护母亲河迫在眉睫，百姓翘首以盼。

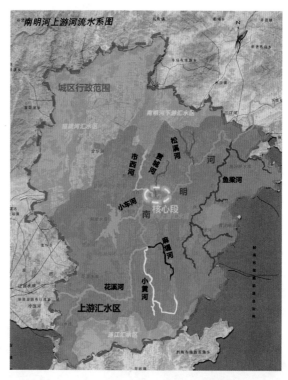

图 10-1　南明河上游河流水系图

10.1.2　项目整体情况

南明河流域水环境综合整治以"政府主导、机制创新、依法治理、科技支撑、全民参与、长治久清"为宗旨，整体规划，分期实施。

南明河水环境综合整治项目一期总投资约 11.67 亿元，完成截污沟防渗改造工程共 31.74km，河道清淤工程 71.22 万 m³，生态治理工程一项（湿地 1 座、生态砾石床 400m²、生态砾石坝 13 座、曝气跌水坎 20 座、构建生态河堤 16.2km、植物种植 17.09m²），翻板坝改造 5 座，生物除臭设施 6 座，景观文化工程及灯光亮丽工程 1 项，信息化监测点位 13 处，污水厂升级改造 4 座共 45 万 m³/d。通过截污完善、清淤疏浚、水厂改造、生态治理等工程措施，基本消除了南明河干流黑臭。

2014 年 9 月，贵阳市政府通过公开招标，引入社会资本对南明河实施二期综合整治。二期分为两个阶段，共投资约 41.94 亿元。以提升水质为核心，以支流治理为关键，以污水处理设施（厂、管网）建设和生态修复为重点，主要是以山区城市河流生态系统结构调整修复、山区河流消落区带状湿地系统构建、城市河道生境多样性构建技术、城市河流生态景观文化展现为主，强化南明河流域生态服务功能。通过河道生态系统结构的调节与改善，在系统截污与河道生态自净作用的调整下，河流水质逐渐改善，进而实现生态服务功能中支持功能的进一步提升。包括南明河干流及 5 条支流（118.4km）的水环境综合整治（DBFO），提标改造 50 万 t/日存量污水处理厂（TOT）、新建 50.5 万 t/日污水处理厂（BOT），配套管网建设 31.7km 及污泥无害化处理等。截至 2015 年 6 月，南明河水环境综合整治项目二期一阶段主要项目已全面完工，截污沟改造 14.5km；管道工程 16.5km；河道清淤 17km，共 18.4 万 m³；新建污水处理厂 9 座，共 50.5 万 m³/d；新建新庄一期、二期污水处理厂配套厂外沉砂池；支流生境构建及局部生态修复 21.5km，干流局部生态强化 5 处；污泥深度处理中心 200t/d。

10.2　现状评估

从 20 世纪 70 年代开始，随着贵阳市经济发展和人口增长，城市规模不断扩大，南明河逐渐受到污染，水质开始恶化。到 2000 年，沿河

图 10-2 南明河三江口到红岩桥各段河道一期治理前状况

大量工业废水和生活污水未经处理直接排入南明河，使得城区段水质恶化为劣 V 类，污泥大量淤积，河水黑臭现象严重，河道生态系统遭到严重的破坏，河道失去自然净化能力。南明河三江口到红岩桥各段河道一期治理前状况如图 10-2 所示。

2001 年贵阳市政府出台三年河水还清整治计划，经过三年整治，一度取得不错效果。2004 年到 2012 年贵阳市进入高速发展阶段，GDP 增长了 4 倍。随着经济的快速发展，南明河沿河 200 多家企业工业废水及生活污水每天向河中排放达 70 万 t，河道污染根本性问题没有得到有效解决，导致随治随污，水环境未得到根本好转。南明河主河道及部分支流水质变成劣 V 类水体，"黑臭"现象突出，河道生态自然净化能力严重下降，严重地影响了城市景观、当地居民的正常生产和生活。

10.2.1 水文、水质状况

贵阳市地处长江流域乌江水系和珠江流域涟江水系的分水岭上，按流经城区的主要河流划分为三个流域：南明河流域、猫跳河流域和青岩河流域。其中南明河、猫跳河属于长江流域乌江水系；青岩河属于珠江流域涟江水系。南明河流域水文特征参见表 10-1。

南明河流域水文特征表

表 10-1

流域	干流	一级支流	二级支流	汇水面积 （km²）	河流（km）	多年平均径流量 （亿 m³）	备注
南明河流域	南明河				45		至三江河
		小黄河		69.3	21.9	0.37	
		麻堤河		28.9	12.4	0.16	
		小车河		203	26.8	1.10	
			金钟河	54.71	19.7	0.29	
		市西河		43	16.7	0.23	
		贯城河		21	10.84	0.11	
		松溪河		28.1	9.9	0.15	
		鱼梁河		416.8	47.5	1.19	
			鱼洞河	149	25.8	0.73	

在城区河流上建有大小水库 17 座，其中大型水库 1 座、中型水库 3 座，小型水库 13 座，其中作为城市水源的水库主要有花溪水库、阿哈水库、沙老河水库、三江水库等。

2012 年与 2013 年对南明河干支流水质检测结果如表 10-2、表 10-3 所示。对比 2012 年与 2013 年的水质监测数据，可以发现南明河水环境综合整治项目第一阶段工程实施完成后，南明河水系水质得到有效改善。对比治理前后南明河流域河流水环境质量（图 10-3 与图 10-4），可以发现劣 V 类水质由原有的 51% 下降到 17.4%，准 V 类水质由原来的 10.1% 提高至 24.3%，准 IV 类水质由原来的 8.8% 提高至 28.2%。

2012 年南明河水系水质检测结果

表 10-2

序号	监测点位	COD（mg/L）	NHN₃-N（mg/L）	TP（mg/L）	SS（mg/L）
1	南明河－三江口	67	1.01	0.28	31
2	南明河－兴隆花园	67.2	1.42	0.44	39
3	南明河－山水黔城	80.6	1.95	0.25	43
4	南明河－贵阳电厂	47.2	2.04	0.16	14
5	南明河－解放西路	51.6	1.04	0.33	22
6	南明河－解放路桥	92.7	1.39	0.4	51

续表

序号	监测点位	COD（mg/L）	NHN₃-N（mg/L）	TP（mg/L）	SS（mg/L）
7	南明河－筑城广场	87	1.6	0.37	46
8	南明河－六洞桥	76.5	1.75	0.39	49
9	南明河－水文站	74.8	2.07	0.6	53
10	南明河－红岩大桥	88.2	2.19	0.41	60
11	花溪河下游（三江口）	26.4	0.72	0.34	24
12	小黄河下游（三江口）	102.4	0.96	0.4	92
13	麻堤河下游（三江口）	54.6	3.82	0.25	36
14	电厂坝溢流口	155.7	17.44	1.64	84.75
15	小河污水处理厂	15.6	0.86	0.49	10
16	小车河下游（汇合点）	42.8	1.34	0.12	25
17	市西河下游（两江口）	51.8	4.81	0.29	43
18	虹桥排水大沟	76.3	7.35	0.26	35
19	团坡排水大沟	92.4	6.97	0.31	65
20	贯城河排水沟	112	7.35	0.85	61

2013 年南明河水系水质检测结果　　　　　　　　　　　　　　　　　表 10-3

序号	监测点位	COD（mg/L）	NHN₃-N（mg/L）	TP（mg/L）	SS（mg/L）
1	小黄河上	22~33	0.3~0.37	0.17~0.98	61~75
2	陈亮村	21.23~24.3	0.34~1.67	0.13~0.22	17~24
3	小黄河口	11.7~25.8	0.46~2.3	0.5~1.3	42~122
4	麻堤河口	23.2~34.3	1.92~2.4	0.21~0.51	33~43
5	花溪河口	11.7~14.5	0.41~0.58	0.1~0.15	10~18
6	N 铁路桥	24.5~31.4	0.61~2.21	0.36~0.42	31~74
7	N 电厂坝	29.6~53.5	1.43~4.42	0.34~0.39	57~108
8	小车河下	18.6~24.5	0.48~0.52	0.15~0.16	41~43
9	S 二桥	52~113	4.6~6.7	0.4~0.64	46~54
10	S 雪涯桥	47.8~54.0	3.21~6.32	0.36~0.56	36~43
11	N 筑城广场	48.3~69.4	2.21~3.99	0.45~0.76	31~42
12	N 水文站	25.4~32.9	1.56~2.07	0.65~0.79	43~67

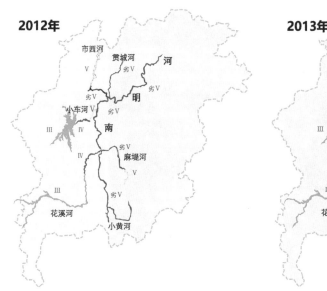

图 10-3　南明河流域河流水环境质量（治理前，2012 年 6 月）

图 10-4　南明河流域河流水环境质量（一期结束，2013 年 6 月）

南明河水环境综合整治项目第一阶段工程对南明河水质改善效果明显。通过对数据的统计分析，与 2012 年相比，三江口、河滨公园、甲秀楼、水文站四个断面的有机物浓度（COD 浓度值）分别下降了 77%、74%、51%、62%，氨氮浓度（NH_3-N 浓度值）分别下降了 19%、78%、25%、72%。四个断面中，三江口断面有机物浓度符合地表水 Ⅲ 类水质，河滨公园断面与水文站断面有机物浓度符合地表水 Ⅳ 类水质，甲秀楼断面有机物浓度符合地表水 Ⅴ 类水质。

10.2.2　生态调查

在南明河干流沿线布设 20 个采样点（图 10-5），从南明河干流上游至下游进行生态状况调查分析。

1. 浮游植物和底栖藻类调查结果

各个采样点中，除了 9 号点是以蓝藻门为主外，其他的采样点均以硅藻门细胞为主，上游硅藻门细胞密度所占总细胞密度的比例较下游要高。

2. 浮游动物质量现状

2012 年对南明河浮游动物中的原生动物、轮虫、枝角类和挠足类作

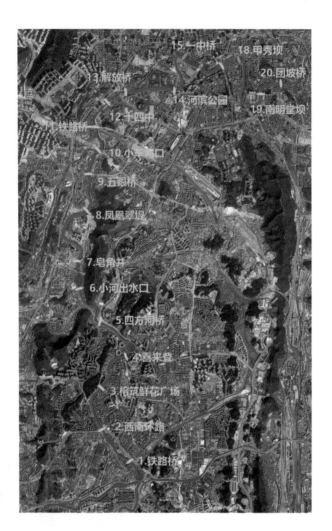

图 10-5　南明河生态调查采样点位布置图

了定性定量检测工作，共检出原生动物门 15 属种、轮虫纲 9 属种、枝角类 3 属种、挠足类 3 属种。

3. 水生植物现状

2012 年仅南明河干流上游 4km 水生植物良好，干流河床覆盖度仅 25%，种类 5 种；2013 年，由于清淤影响，干流河床生态覆盖度一度下降到仅 12%，但是小黄河由于生态治理的实施，其生态覆盖度增长到了 75%（图 10-6）。

4. 鱼类资源评估

2012 年，南明河干流有鱼类 4 科 14 种，其中三江口 - 解放桥河段的鱼类种数为 13 种，解放桥—冠洲桥河段和冠洲桥—水口寺桥河段的鱼类种数分别为 9 种和 14 种。鱼类群落中优势种类为鲢、鳙、鲤、鲫、鳌、麦穗鱼、子陵吻虾虎鱼、黄颡鱼、泥鳅等。

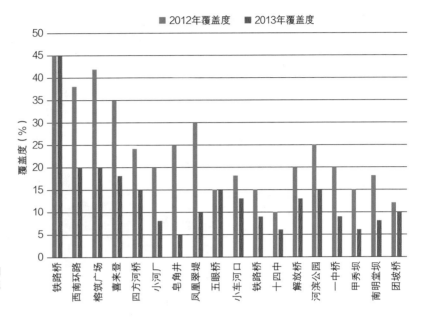

■ 2012年覆盖度　■ 2013年覆盖度

图 10-6　南明河贵阳
城区段沉水植物覆盖
度图

10.2.3　水系生态系统分析

南明河水生态系统影响因素分析：通过对南明河水系 14 处生态敏感点的调查，梳理影响河道生态发育的可能影响因素，并进行对比性的定性定量分析，确定了 9 个主要的因子（图 10-7）。

其中，最主要的为光照、底质、水质，其次为透明度、水深、水量稳定性，最后为物种类型、水温、流速。

1. 南明河干流：三江口——红岩桥段

将南明河干流分为 20 个评估区段（图 10-8），对植物、底栖动物、浮游动物、浮游植物、鱼类等进行调查，并对其相互关系进行研究和评价。

图 10-7　南明河水生态系统影响因素

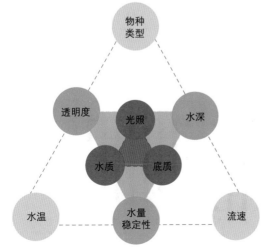

生境：南明河生境状况良好，局部区域需要进一步改善，约占 15%，生态修复核心影响因素为水质、底质，分布如图 10-7 所示中红色区域；

植物：水生植物恢复良好，河床覆盖度已达 73%（图 10-9），种类 10 种；

底栖动物：大部分河段底栖动物恢复良好，达 33 属种，特别是圆田螺、蚌；局部区域以红线虫为主，约占 25%；

图 10-8　南明河干流
评估区段

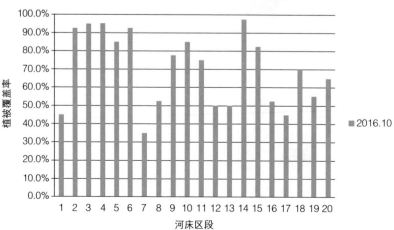

图 10-9　南明河河床
区段植被覆盖率

图 10-10　陈亮村

图 10-11　三江口

鱼类：现有鱼类 9 科、29 种，其中鲤科 20 种，优势鱼类为鲢、鳙、鲤、鲫、鳘、麦穗鱼、子陵吻虾虎鱼、黄颡鱼、泥鳅等；

生态系统：初步形成，结构有待优化，稳定性有待提高。

2. 小黄河：陈亮村——三江口（图 10-10、图 10-11）

生境：大部分河段（70%）生境较好，适合生态系统恢复；上游段由于泥沙沉积严重，生境稳定性较差；

植物：中下游水生植物恢复良好，河床覆盖度约 35%，沉水植物种类突破 5 种，挺水植物种类达 8 种；

底栖动物：基本缺失；

鱼类：存在野生小鱼苗，大型鱼缺失；

生态系统：生态结构不完整，稳定性较差。

基于生态评估结果，上游市西河、贯城河、麻堤河水质较差，特别是市西河，是南明河干流上游水质变差的主要原因；下游新庄溢流污水水质很差，是南明河干流下游水质变差的主要原因；花溪河和小车河水质相对较好，具有一定的环境容量，对减缓南明河干流水质恶化有一定的作用；青山、麻堤河及花溪二期再生水厂主要出水水质达到地表水 IV 类水体水质标准，是南明河干流的重要补水来源。干流和支流的部分区域生态体系脆弱，生态结构有待修复，生物多样性有待提高。1 条干流（南明河）+5 条主要支流（花溪河、小黄河、麻堤河、市西河、贯城河）是生态修复的重要区域。

10.3　修复目标

针对南明河水环境质量差、黑臭现象严重等突出问题，通过截污治污、再生水厂的新（扩）建与提标改造，面源污染控制等手段，实现消除河道黑臭现象，河道水质全面改善的目标。在此基础上，通过南明河干流（三江口至红岩桥段）及上游小黄河、麻堤河、市西河三条支流的综合治理，基于南明河水系生态影响因素分析，改善水生态系统生存环境，修复浮游生物—水生植物—水生动物生态体系，提升河道生命活力、自净能力和景观效果，实现可持续的健康河道生态体系。通过南明河生态系统修复工程，实现南明河植物、动物、微生物等生物多样性等生态系统修复，形成较稳定的水质调节功能，并发挥积极的景观效果。

10.4　实施方案

10.4.1　总体原则

针对地区发展新的要求，南明河流域水环境综合整治应在强化已有治理成果的基础上，从城市发展和流域治理的全局出发，结合"一河百山千园"的建设目标，对南明河流域进行顶层规划和设计，远近结合，提出切合实际、符合规律的分步实施方案，治理宗旨秉承控制上游支流污染、水质改善的前提，同时建立完善生态系统、生物链，尽量多地构建植物系统，优先选用本土物种并充分考虑景观效果。通过科学系统、合理有效的手段实现南明河"标本兼治、长治久清"的目标。

10.4.2　总体技术路线

通过组织专家和技术人员，对南明河 36.4km 干流和 6 条支流的 82km 河道所有污染源进行现场勘查，对沿河 33 个断面水质、水量数据进行检测，对沿线生态状况、臭气来源进行调查分析，摸清南明河污染外源、内源等各类污染物的强度、排放量和贡献，识别主要污染源和污染物，梳理出 13 个方面污染成因，在此基础上提出了如图 10-12 所示环境综合整治的总体技术路线。

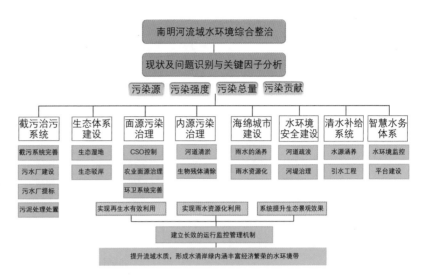

图 10-12　南明河水环境综合整治总体技术路线图

通过外源控制、内源控制、面源控制、生态修复、臭气治理等，打造特色景观文化，发展河带流域经济，同时建立并切实执行长期的运行管理机制，形成"水清岸绿、内涵丰富、经济繁荣"的南明河水环境带。

1. 外源污染治理

通过干、支流沿线的截污工程，"跑、冒、滴、漏"的整改，全线大沟、支沟出入口改造，实现沿线污水不直排河道；因地制宜，按照"适度集中，就地处理，就近回用"的原则，建设"环境友好型、土地集约型、资源利用型、绿色低碳型、综合服务型"的再生水厂，回收利用高品质尾水作为河道生态补水。

2. 内源污染治理

通过河道清淤、翻板坝改造、拦渣坝及沉沙坝建设、河底检修通道建设、常态清淤、冲淤及维护，大幅降低河道内源污染的产生和累积。

3. 面源治理

逐步完善雨污分流系统，并对产业结构进行调整，对农业面源污染进行治理，实施整个流域范围内水土保持、生态修复，从根本上解决河道面源污染的有效治理与控制。

10.4.3　生态修复技术路线

在调研、论证、研究分析的基础上，通过生境构建、生态修复、微污染补水净化等技术手段，对南明河水系进行生态修复治理，构建可持

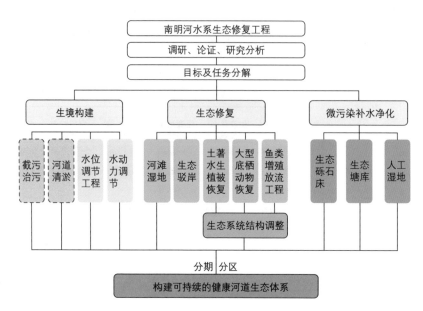

图 10-13　南明河水系生态修复工程技术路线图

续的健康河道生态体系。实现南明河生态系统的恢复，包括植物、动物、微生物等生物多样性，形成较稳定的水质调节功能，并发挥积极的景观效果（图 10-13）。

1. 生境构建工程

通过依靠截污治污工程、河道清淤工程对水质、底质、透明度等关键生境条件进行提升，通过水位调节工程、水动力调节工程对水生生态系统生活环境进行优化。针对小黄河、麻堤河、市西河流量较小、水深较浅，部分区段流速较大的情况，设置生态透水堰（高 0.4～0.6m），加大局部水深，同时有效降低河水流速。

2. 生态修复工程

包括河滩湿地、生态驳岸、生态系统结构调整。

采取以生态为基础、安全为导向的工程方法，将原有立式驳岸改造为可渗透界面，恢复"可渗透性的"人工自然滨水驳岸，利用原有景观种植带改造成具有一定净化能力的生态缓冲带。把河畔与水体连成一体，促进水体净化。消除立式驳岸过分人工化给人们造成的单调感觉，形成驳岸与河流的缓冲带，通过随泥沙沉降、反硝化作用、植物吸收等生态措施降低水中的氮和磷含量。缓冲带在控制非点源污染的同时，改善区域环境，增加生物多样性，增加植被覆盖率，提高抗旱能力，满足人们审美观赏和"近水、亲水"的心理需求。

土著水生植物恢复工程：恢复特有水生生物，如海菜花、水车前、竹叶眼子菜、黑藻、微齿眼子菜等。

底栖动物恢复工程：投放中华圆田螺、闪蚬、舟形无齿蚌、背角无齿蚌，丰富底栖动物多样性，控制藻类，同时每年进行秋捕管理。

鱼类增殖放流工程：在保证原有水生动物多样性的基础上，投放鲢、鳙、银鲴、乌鳢、黄颡鱼，恢复大型肉食性鱼类生态位，同时每年进行秋捕管理。

3. 微污染补水净化

综合技术、经济、资源条件等方面的考量，采用垂直潜流人工湿地，对隆昌／合朋（0.9 万 t/d）、孟关（1.5 万 t/d）、牛郎关（1.0 万 t/d）污水处理厂尾水深度处理。

人工湿地的基质主要有土壤、碎石、砾石、煤块、细沙、粗砂、煤渣、多孔介质、硅灰石和工业废弃物中的一种或几种组合的混合物。基质一方面为植物和微生物提供介质，另一方面通过沉积、过滤和吸附等作用直接去除污染物。

人工湿地植物种类主要有香蒲、芦苇、灯心草等，这些植物可以增加湿地基质的透水性，还能与周围环境的原生动物、微生物等形成各种小环境将氧气传输至根区，形成特殊的根际微生态环境，这一微生态环境具有很强的净化废水的能力。

人工湿地布水系统多采用穿孔管布水系统，将进水按照一定的方式均匀地分布在处理系统中，确保不发生断流和堵塞。

生态前置库工程：为有效缓解小黄河泥沙含量大的问题，在小黄河上游建设生态前置库，同时具备补水、净化、景观、休闲功能。前置库是运用水库的蓄水功能，将受到面源污染影响的径流污水截留在水库中，通过物理、生物强力净化作用后，再排入受到保护的流域水体。前置库具有长水力停留时间，能够促进水中泥沙沉降，同时利用水生植物、藻类等进一步吸收、吸附、拦截营养盐，改善水质。治理措施统计表，见表 10-4。

治理措施统计表　　　　　　　　　　　　　　　　　　　　　　　　　表 10-4

涉及工程措施	所属示范段	规模
表流湿地	三江口麻堤河污水厂出水口段	1500m^2
	青山污水厂入河口下游河段	1500m^2
	一中桥河滩湿地	1500m^2
生态砾石床	三江口麻堤河污水厂出水口段	3000m^2
	青山污水厂入河口下游河段	3000m^2
	市西河汇入南明河处	2000m^2
驳岸改造	三江口麻堤河污水厂出水口段	300m^2
	一中桥至甲秀楼	700m^2
	南明堂坝前河段	800m^2
立式潜流湿地	青山污水厂入河口下游河段	900m^2
蓄水坝	电厂段	一座
水生植物、水生动物系统构建	所有示范段	共 50000m^2
人工鱼礁	所有示范段	1000m^3

工程实施后，针对污水厂的出水进一步净化，TN、TP 的去除率累积可达到 6% 和 10%，水生植物和水生动物的群落逐渐形成，提升了河道的生态景观效果。

10.4.4　工程项目

工程项目分布图，如图 10-14 所示。

小黄河：花溪污水厂至三江口段 9km 范围，共 3 项生态工程：生境构建工程、小黄河人工湿地、河道生态修复工程。

南明河：三江口段至红岩桥段 16km 范围，共 6 项生态工程：干流生境构建工程、三江口河滩湿地、小河厂出口河滩湿地、五眼桥河滩湿地、一中桥河滩湿地、红岩桥河滩湿地。

市西河：二桥厂至河口段 4km 范围，共 2 项生态工程：生境构建工程、河道生态修复工程。

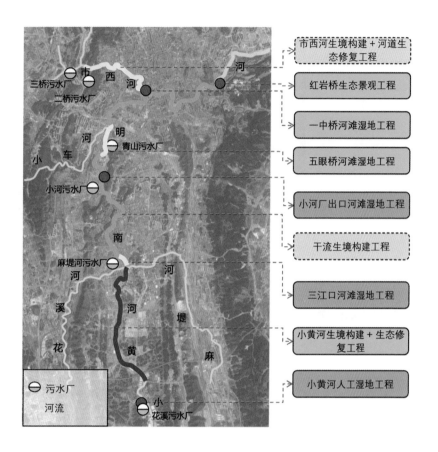

图 10-14　工程项目分布图

1. 干流生境构建工程（表 10-5、图 10-15）

干流生境构建工程　　　　　　　　　　　　　　　　　　　　　　　　　　　　　　　表 10-5

工程名称	工程范围	技术措施	具体工程内容
干流生境构建工程	三江口至红岩桥段 16km 干流河道	截污治污 河道清淤 翻板坝改造	16km 河道两侧截污沟防渗工程，新建 2 座地下再生水厂； 16km 河道清淤；改造干流河道 6 座翻板坝为钢坝，拆除 1 座

2. 小黄河生态修复工程（表 10-6、图 10-16）

小黄河生态修复工程　　　　　　　　　　　　　　　　　　　　　　　　　　　　　　表 10-6

工程名称	工程范围	技术措施	具体工程内容
小黄河生态修复工程	小黄河翁岩村至三江口段 6km 河道	生态驳岸 沉水植物 砾石透水坝	小黄河翁岩村至三江口段 6km 河道双侧布置生态驳岸；河道内种植沉水植物；在河道内布置砾石透水坝 2 座

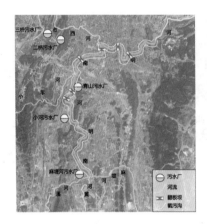

图 10-15 干流生境
构建工程平面图
图 10-16 小黄河生
态修复工程

3. 小黄河人工湿地工程（表 10-7、图 10-17）

小黄河人工湿地工程   表 10-7

工程名称	工程范围	技术措施	具体工程内容
小黄河人工湿地工程	在花溪污水厂西北侧修建垂直潜流湿地 11728m²	垂直潜流人工湿地	将花溪污水厂最后的出水管接入垂直流人工湿地系统配水渠，污水厂尾水。经过人工湿地净化排入小黄河

4. 三江口河滩湿地工程（表 10-8、图 10-18）

三江口河滩湿地工程   表 10-8

工程名称	工程范围	技术措施	具体工程内容
三江口河滩湿地工程	麻堤河污水厂出口至小河平桥	生态驳岸	麻堤河污水厂出口下游左岸 625m，右岸 745m 的范围内布设；植物带宽 2m，总面积约 2740m²
		生态砾石床	布设在麻堤河尾水排放口处，长 120m，宽 10m，采用三级式砾石床系统，每一级长 40m； 砾石床总高度为 1m，其中河底以上 0.3m，河底以下 0.7m

5. 市西河生境构建工程（表 10-9、图 10-19）

市西河生境构建工程   表 10-9

工程名称	工程范围	技术措施	具体工程内容
市西河生境构建工程	二桥厂出口—瑞金路	生态砾石床	A 段二桥厂出口至下游 1000m；入南明河处 1300m
		生态驳岸	罗汉营沿程 500m；浣纱路与瑞金南路间 850m；瑞金南路与文化路间 250m

图 10-17 小黄河人工湿地工程平面布局图

图 10-18 三江口河滩湿地工程平面布置示意图

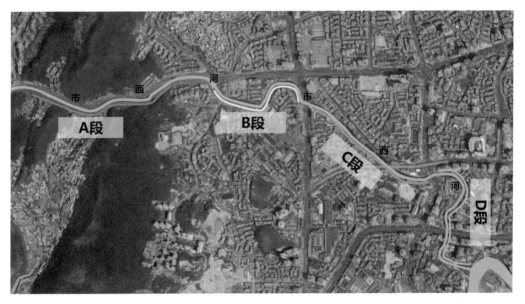

图 10-19 市西河生境构建工程平面布置图

10.5 运作模式

按照 PPP 项目实施方式，贵阳市人民政府授权贵阳市城市管理局为招标人，通过公开招标方式选择社会资本，通过市场机制合理分配风险，使贵阳市人民政府和社会资本建立一种长期合作关系，从而提高污水处理、污泥处理和河道综合整治服务的供给数量、质量和效率。

南明河水环境综合整治项目采用 PPP 模式，为项目高效优质实施提供了动力和保证。社会资本作为终极责任人，在充分取得地方政府信任的前提下，能够放手推进项目实施，在规划设计、投资建设与运营的全

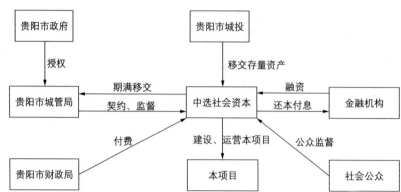

图 10-20　交易结构图

生命周期内以最低的投资成本实现高效的公共服务、节省投资与用地、达到了见效快、投资省、质量高的良好效果，实现了社会、企业、百姓的共赢，得到了社会的广泛赞誉。

项目采用"特许经营+政府购买河道服务"的组合模式，在特许经营期内，社会资本拥有、使用新建污水处理厂、污泥处置及资源化中心的资产，在特许经营期届满时，社会资本将项目设施无偿移交给政府或政府指定机构；河道综合资产所有权归政府拥有，社会资本拥有河道运营权，运营期届满时，社会资本将河道运营权移交给政府或政府指定机构。

特许经营转让价款要求专项用于项目建设，特许经营权无法覆盖及河道建设投资的部分，政府以购买服务方式支付服务费；贵阳市政府建立配套的中长期财政预算安排，结合上级财政部门拨付的专项资金，确保服务费及时足额支付。

10.6　修复效果

南明河水环境综合整治项目通过系统科学的前期调研和论证，通过二期一阶段项目的实施，实现干、支流水质及感官效果进一步提升，出厂水 COD、氨氮达到 Ⅳ 类水，其余指标按一级 A 标执行，河道补水约 30 万 t/d，中水回用约 20 万 t/d，增加服务面积约 90km²，完善及新建管网 65.5km，南明河干流及五条支流 65% 的检测断面主要指标（$BOD_5 \leqslant 10mg/L$；$COD \leqslant 40mg/L$；$NH_3\text{-}N \leqslant 5mg/L$）满足河道观赏性景观环境用水。南明河水环境综合治理已完成了阶段性工作，取得了明显成效，生态系统健康已逐渐恢复，"母亲河"的人文底蕴得到

再现。干支流劣 V 类水质水体由 51% 下降到 7%，V 类水质水体提高至
26.8%，IV 类水质水体提高至 31.6%，III 类水质水体提高至 35.6%，干流
治理段主要污染物指标 CODCr 已稳定达到地表水 III 类水质标准，大部
分河段 NH₃-N 和 TP 浓度已明显降低和有效控制，南明河治理前后水质
对比参见表 10-10；生态调研结果表明，南明河干流治理段水生动植物
种群类型丰富，生物多样性指数、水生植物盖度、系统完整性显著提高，
特别是沉水植物覆盖率由 15% 提高至 73%。河道行洪能力得到有效增强，
2014 年 7 月成功抵御了百年一遇的特大暴雨洪灾侵袭。全面消除了河道
黑臭，95% 的河道主要水质达到四类水标准，河底生态恢复至 80%。置
换景观活水公园两座（图 10-21）。

南明河治理前后水质对比   表 10-10

时间	劣 V 类	V 类	IV 类	III 类
2012.06（治理前）	51.0%	10.1%	8.8%	30.1%
2013.06（一期治理后）	17.4%	24.3%	28.2%	30.1%
2015.06（二期一阶段治理后）	7.0%	26.8%	31.6%	35.6%

按照"适度集中、就地处理、就近回用"的理念，引入"环境友好
型、土地集约型、资源利用型"全下沉式再生水处理系统，优化原市政
排水规划，节省管网建设、征地投资约 15 亿元，节省工期 1 年，节约土
地 1000 多亩，每年中水回用节省电费约 3000 万元。政府将青山厂水环
境保护科普教育基地作为"生态文明贵阳国际论坛"永久会址，周边土
地大幅增值。

图 10-21　南明河干
流整治前后对比

甲秀楼　2012.11

甲秀楼　2015.06

一中桥　2012.06　　　　　　一中桥　2015.06

河滨公园　2012.06　　　　　　河滨公园　2015.06

电厂坝　2012.06　　　　　　电厂坝　2015.06

图 10-21　续

业主单位：贵阳市水务管理局

投资人：贵州筑信水务环境产业有限公司

设计单位：中国市政工程西北设计研究院有限公司、四川中恒工程设计研究院有限公司、上海笔克联动市场策划咨询有限公司

运营维护单位：贵州筑信水务环境产业有限公司及其委托保洁单位（贵阳保德城市环境管理服务有限公司、贵州黔汉康环卫有限公司）

技术支撑单位：上海交通大学，清华大学，北京工业大学，四川大学，中国科学院南京地理与湖泊研究所，中国科学院水生生物研究所

案例编写人员：侯锋、李涛、宋歌

第11章

杭州市长桥溪流域水生态修复公园项目

11.1　工程概况

项目位置：中国丝绸博物馆北

项目规模：5.4hm²

研究范围：长桥溪流域及流域内居民点

设计阶段：2002 年 12 月—2004 年 6 月

施工阶段：一期 2004 年 6 月—2004 年 12 月

二期 2008 年 9 月—2009 年 5 月

建设投资：4000 万元（政府投资）

运行管理：杭州市西湖水域管理处负责水处理系统的运行管理

杭州西湖风景名胜区凤凰山管理处负责景观的养护管理

11.1.1　项目背景

杭州长桥溪是杭州西湖流域内主要的入湖溪涧之一，位于西湖风景名胜区南山景区。长桥溪水系面积约 1.83km²，河道坡度 37.50%，径流系数 50.1%，自南向北流向，分东西两条支流。东侧支流沿玉皇山前路旁沟渠流淌，西侧支流沿阔石板路贯穿南山村阔石板农居点，两条支流在南山路南侧汇水后经长桥流入西湖（图 11-1）。

长桥溪流域地形复杂、农居建筑散乱无序，雨污难以分流，不具备截污纳管的条件，生活污水直接排入长桥溪。同时，流域内居住区和鱼塘、林田混杂，产生的点源和非点源污染均较为严重。自 20 世纪 90 年代以来，长桥溪溪床垃圾成堆、蚊蝇孳生、臭气熏天，随着长桥溪流域人口的增加，水污染问题日趋严重（图 11-2）。据统计，2004 年居住人口（本地居民和暂住人口）已达 6158 人，2004 年长桥溪总排污量平均约达 25182.6t/ 月。长桥溪流入西湖的水常年为地表水劣 V 类水质，严重影响西湖湖区的水质稳定和提升，其流域生态环境已遭到严重破坏，生物多样性明显减少。

此外，流域内的南山村阔石板农居点原本住宅建筑风格杂乱、环境脏乱差、各类管线杂乱架空、西湖山地民居的文化特质已面临湮灭危机（图 11-3、图 11-4）。

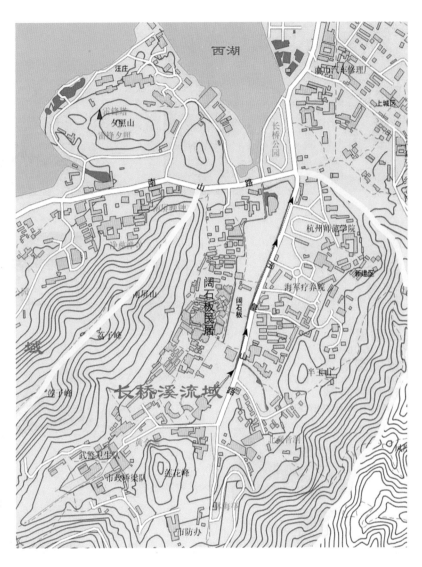

图 11-1 长桥溪流域
地形
图 11-2 污水横流，
垃圾成堆

图 11-3　农居杂乱，鱼塘和田地混杂

图 11-4　项目建设前的长桥溪流域状况

11.1.2 项目整体情况

长桥溪流域水生态修复项目占地约 5.4hm²，南至玉皇山脚慈云岭，北端接入西湖，西侧与南山村居民点阔石板路毗邻，东接玉皇山路，地块呈南北方向狭长约 600m，东西方向较窄，平均约 90m，地势南高北低（图 11-5）。长桥溪水生态修复公园项目通过物理、化学、生物、生态等手段实施长桥溪水生态修复，就地净化长桥溪流域居民生活污水并拦截长桥溪泥沙入西湖，将长桥溪的入湖水质从地表水劣 V 类水质提升至地表水 IV 类水质（湖库标准），增加流域生物多样性，营造良好的园林景观，并对原住民的民居按江南传统山地民居风貌进行改造，促进流域的生态系统平衡和景观提升。利用西湖上游长桥溪流域的微地貌和水动力作用，将科学净水技术与园林造景艺术巧妙结合，让原本污染严重的长桥溪水得以"重生"，显著提升了长桥溪的入湖水质，并且营造了独特的湿地生态环境，成为一个集水生态修复、游赏、科普、休憩等多功能

图 11-5 项目位置图

于一体的城市湿地，是小流域分散性生活污水治理的成功案例。

11.2 项目设计

11.2.1 设计思路

长桥溪水生态修复项目通过村落原有的自然集水廊道，将流域内的污水收集起来，汇入地埋式污水处理系统进行净化处理，出水流入公园南端的初级人工湿地，经多级跌水，进入公园北端的二级人工湿地，最后汇入西湖。通过物理、化学、生物、生态等手段，净化长桥溪流域居民生活污水，拦截污染物质流入西湖，同时因势利导进行园林造景，将污染严重的长桥溪流域建成风景如画的水生态修复公园。项目设计思路如图 11-6 所示。

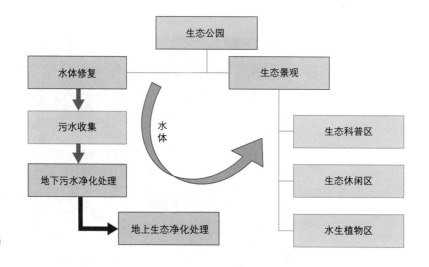

图 11-6 设计思路

11.2.2 设计原则

长桥溪水生态修复项目的设计原则：将水生态修复技术与景观生态学集成融合，以人为本，理水治水，修复生态，营造景观，为民谋利。

11.3 工程项目

长桥溪水生态修复项目的建设内容主要分地埋式污水净化处理系统

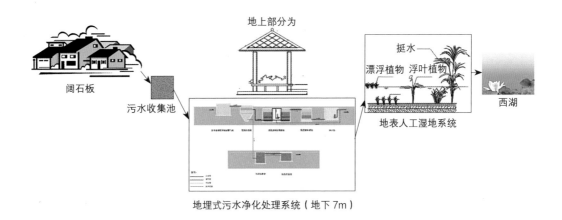

地上部分为

阔石板

污水收集池

挺水
漂浮植物 浮叶植物

西湖

地表人工湿地系统

地埋式污水净化处理系统（地下 7m）

图 11-7 分散性生活
污收集和净化流程图

和地表人工湿地系统两部分（图 11-7）。

11.3.1 地埋式污水处理系统

流域内的污水收集后通过重力作用输送至下游的该池容量约 1000m³ 的水质调节池。然后通过泵输送到上游的位于地表下 7m 处的污水处理系统，在该净化系统里，污水先进入一级强化絮凝池，再到竖流沉淀池，除去大部分的磷，然后进入高效曝气生物滤池，最后到双层滤料滤池，去除污水中的氮并进一步除磷（图 11-8）。系统采用了竖向叠加式布局，既节省了空间又起到了保温作用（冬季效果尤为明显）；既加强了处理效果，又节约了主体结构的投资，降低了运行费用，同时大大降低了处理过程中产生的噪声和异味对环境的影响；地上部分则与园林造景结合，起坡建亭，与周围景观融为一体。系统日处理量约 1000～1500m³，雨季可达 3000m³。

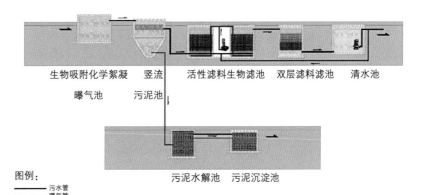

生物吸附化学絮凝　竖流　活性滤料生物滤池　双层滤料滤池　清水池

曝气池　污泥池

污泥水解池　污泥沉淀池

图 11-8 地埋式污水
处理系统处理流程解
析图

图例：
—— 污水管
—— 曝气管
—— 污泥管
—— 反冲洗管

11.3.2 地表人工湿地系统

公园人工湿地的设计建造沿着水生态修复过程铺开，在充分发挥湿地生态功能的同时，湿地水系的景观设计集中体现了公园的"理水"艺术，这是长桥溪水生态修复公园的最鲜明特色。长桥溪水生态修复项目总平面图，如图11-9所示。

1. 湿地布局

通过独具匠心的规划布局（图11-10），将地表人工湿地系统营造出浑然天成的湿地景观。经地下污水处理系统处理后的再生水进入地表人工湿地系统，根据水生态修复的需要，综合考虑水面面积、水体深度、停留时间等多种因素，确定采用自由水面湿地系统（敞流型）。充分利用该地块的微地貌和水动力作用，按照湿地串联系统的原理及要求对水系的水深和水体形式进行设计，依地势高低从南至北依次建成"落颖池"

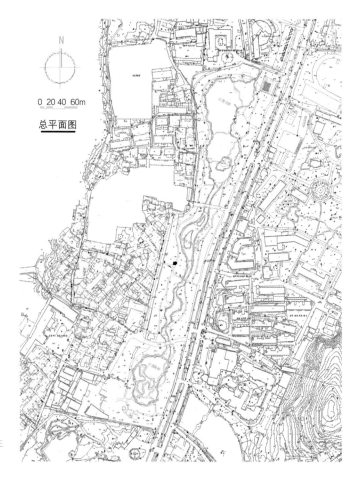

图 11-9 长桥溪水生
态修复项目总平面图

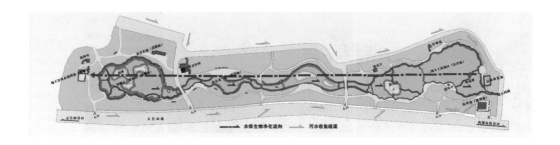

图 11-10   地表人工
湿地布局图

（初级人工湿地）、"挹清池"（多级曝气区）、"浣碧池"（二、三级人工
湿地）、"濯缨池"（山洪水沉砂池区）。"蒟颖池"水深约 40cm，水景以
漫滩为主，配置挺水植物和浮叶植物，这里既是景观水系的源头，又初
步吸收、利用、降解水体中的污染物质；水流经"挹清池"的多级跌水，
水体含氧量增加，更具活力；"浣碧池"水深 40～90cm，水生植物配
置以沉水植物为主，对流入的水进行进一步的深化处理。水流在重力作
用下呈推流式前进，在流动过程中与土壤、植物，特别与地表根垫层及
节根上生物膜相接触，通过物理、化学及生物反应得到净化。这些景点
自南向北串起一条天然过滤线，进一步提升经污水处理系统净化的出水
水质。

2. 水面营造

在充分发挥湿地系统生态功能的同时力求艺术性，水体平面设计亦
收亦放，配合地势与景观的变化，"延而为溪，聚而为池，落水为瀑"
（图 11-11），使"理水"的内容和表现形式更为丰富。弯窄的水道串联
起各个池体，水流在其中蜿蜒流淌，池水宁静内敛，溪水灵动活泼，一
静一动各自性格鲜明，相映成趣。长桥溪流域的地势落差，为其造"瀑"
提供了良好条件。基于地势高差较小，本项目因地制宜的"片落"式多
级人工跌水，既达到了曝气目的，又具形式美感，营造出空灵澄澈的意
境（图 11-12）。

水体岸线采用缓坡自然延伸入水，种植固土地被、水生植物，既可
防止水土冲刷、截留污染物，又营造了阔水低岸的自然意境。此外，利
用岛、桥、荡、滩、木栈道等手法对大水面进行合理分割，增添意趣。
聚散有致、既分又合的水体变化，形神兼备地表现了自然湿地烟水迷离、
清净幽邃的气氛。

3. 水生植物的配置

根据长桥溪流域内的水文地貌等条件，遵循适地适种原则，大量应

"延而为溪"　　　　　　　　　　"聚而为池"　　　　　　　　　　"落水为瀑"

图 11-11　公园水体平面设计亦收亦放

图 11-12　长桥溪水生态修复项目设计景观分析图

用适应当地气候、土壤和人文景观条件，耐污净化能力强，并具有一定观赏价值的水生植物，突显湿地的独特景观；同时，考虑了水生植物的生活史以及植物群落演替规律，使得湿地内一年四季均有水生植物覆盖。挺水植物主要选择了水毛花、黄菖蒲、再力花、芦竹、芦苇、千屈菜、野茭白、香蒲、水竹、泽泻、慈姑、石菖蒲、荷花等品种；浮水植物有睡莲、田字萍等；沉水植物选择了黑藻、金鱼藻、苦草、菹草、狐尾藻等。同时结合乔木、灌木、地被进行绿化配置，尽力体现植物的多样性，四季景色因时而异，野趣天成（图 11-13）。

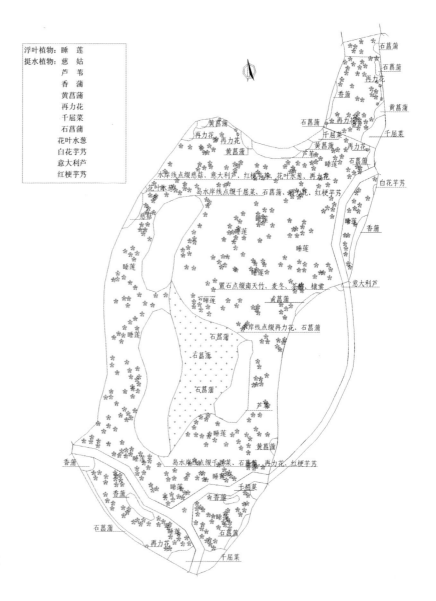

图 11-13　初级人工
湿地水生植物配置

4. 建筑风格

项目由连绵曲美的水体贯穿始终，自然而纯静。建筑结合水体，彼此配合，相得益彰。因此建筑设计上，力求天然质朴、别具一格，亭榭廊轩，临水而倚；石桥卧波，轻盈飘逸；曲桥凌驾，湖波倒影，别有情趣。为使整体景观有连续性，区域内的亭、廊、花榭、管理间、厕所等建筑均采用统一风格，造型自然简约，以原色防腐松木饰面，镶嵌于宁静的池边或点缀在繁花绿树中，形成了自然淳朴的建筑风格，与自然景色融为一体。园路以石板和鹅卵石铺就，主景观区域限制机动车、自行车通行，游人必须徒步游览，既控制了对湿地的污染，也倡导了健康的游览方式。

5. 农居整治

在实施长桥溪水生态修复的同时，结合西湖风景名胜区"景中村"建设，对农居点同步整治改造，实施拆违清障、建筑立面整治、基础设施完善、管线"上改下"、沟通农居点内道路等内容，提升居住质量，突出文化内涵。

11.4　修复效果

项目建成后，对长桥溪入湖水质的提升和流域生态环境的修复作用显著，充分发挥了其生态功能和社会服务功能，成为集生态、观赏、休闲、科普教育和水生态修复为一体的城市小流域生态修复示范项目。

11.4.1　污水处理效果

经过近 10 年的运行，长桥溪水生态修复项目的地埋式污水处理系统稳定可靠，管理简便，日处理量约 $1000 \sim 1500 m^3$，雨季可达 $3000 m^3$，处理成本约为 0.91 元 /t。公园建成后长桥溪的入湖水质得到了明显改善，从原来的劣 Ⅴ 类水跃升为 Ⅲ 类水，水中溶解氧增加近一倍，大大提高了水体的活力，为生物的生长、代谢以及污染物的降解提供了更为有利的环境。项目建成前后，长桥溪入湖水质比较如图 11-14 所示。

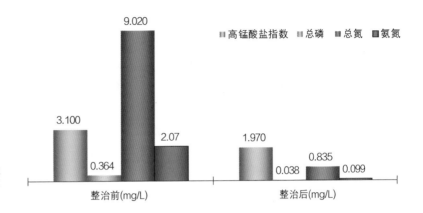

图 11-14 项目建成前后，长桥溪入湖水质比较

11.4.2 景观提升效果

污水净，鱼凫生，芜乱去，美景出。项目建成后，长桥溪水生态修复公园花红草绿、鸟飞蝉鸣，各种植物争芳斗艳，碧波流水乐声潺潺，绿树清水相互映照，池中睡莲含苞欲放，令游人、居民徜徉其中，流连忘返。公园美景如图 11-15～图 11-18 所示。

图 11-15 浑然天成的湿地景观
图 11-16 公园鸟瞰(一)

图 11-17　公园鸟瞰（二）　　　图 11-18　公园鸟瞰（三）

11.4.3　社会经济效益

　　整治后的农居粉墙黛瓦，秀丽清雅，体现了西湖山地民居的独特人文风貌，与长桥溪水生态修复公园的自然景观内外呼应，相得益彰（图11-19）。由于环境的变化，不但使原住民的居住条件得到了显著改善，也使村民发展以茶楼、农家餐饮等休闲旅游的愿望成为了现实。与此同时，环境改善也带动了周边宾馆、饭店等服务行业的发展。整治前后对比图如图 11-20～图 11-22 所示。

图 11-19　整治后，
农家茶楼从无到有
图 11-20　建设前后
景观对比（一）

图 11-21　建设前后
景观对比（二）
图 11-22　建设前后
景观对比（三）

　　长桥溪水生态修复公园在小流域分散性生活污水治理和城市湿地公园建设的有机结合方面做出了较为成功的尝试，其设计理念和成功的技术经验对城市湿地公园的建设发展具有借鉴意义。2006 年被中国环境保护产业协会评定为"国家重点环境保护实用技术示范工程"、2010 年荣获"浙江省景点建设佳作奖"和"中国人居环境最佳范例奖"、2012 年获"迪拜国际改善居住环境最佳范例奖——全球百佳范例"。

　　建设单位：杭州市园文局西湖疏浚工程指挥部
　　管理单位：杭州市西湖水域管理处、杭州市园林文物管理局凤凰山管理处
　　设计单位：济南十方环保有限公司、杭州园林风景建筑设计院
　　施工单位：浙江伟达园林工程有限公司
　　案例编制人员：吴芝瑛、陈琳、陈鋆

废弃地修复

城市废弃地是指被弃置或拟改变用途的工商业用地、市政用地以及其他用地。针对因产业改造、转移或城市转型而遗留下来的工业废弃地、废弃的港口码头、垃圾填埋场以及矿山开采过程中形成的露天采矿场、排土场、尾矿场、塌陷区、受重金属污染而失去经济利用价值的矿山废弃地等不同类型的城市废弃地开展生态修复，确保生态安全前提下，兼顾景观打造和有效再利用。停止对生态系统的人为干扰，依靠生态系统的自我调节能力与组织能力，辅以人工措施，使遭到破坏的生态系统逐步恢复，向良性循环方向发展。

第 12 章　武汉市金口垃圾填埋场生态修复和利用工程

项目位于武汉市，为解决垃圾填埋场修复治理保障园博会用地问题，将整个填埋场进行分区治理，采用常规封场覆盖式和好氧技术进行生态修复，将亚洲最大的城市生活垃圾场，变成了美丽生态园博园，并带动周边几个区域的环境面貌发生巨变，实现了整个片区土地的凤凰涅槃。

第 13 章　上海市吴淞炮台湾国家湿地公园项目

项目位于上海市，为解决炮台湾公园原址钢渣肆意堆积等问题，生态修复以钢渣不外运、不产生二次污染为原则，以建成自然的湿地及森林景观为目标，以废弃地更新为契机，结合滩地保护与改造，将亲水空间融入湿地景观，将竖向设计融入防洪规划，将军事防御融入景观设计，实现城市、自然、军事、生态的和谐共生。

第12章

武汉市金口垃圾填埋场生态修复和利用工程

12.1 工程概况

金口垃圾填埋场位于武汉市汉口西北，处于张公堤、金银湖路、金山大道、金南一路围合区域内，全场用地面积 780 亩。该场沿张公堤北侧自南向北推进填埋，形成沿堤长约 1300m、宽约 350m 的填埋堆体，累计填埋垃圾量约 503 万 m^3。堆体北面是长 1300m、宽约 50m 的污水集存处理区，占地共约 600 亩。

金口垃圾场 1989 年启用，原设计规模为 800t/d；1999 年，在世行的资助下，金口垃圾填埋场进行扩建，处理规模提高至 2000t/d，设计使用寿命至 2010 年。但由于城市周边迅速开发建设，它成为城郊结合部藏污纳垢、脏乱差十分严重、全方位、立体式的城市污染源，周边居民反应强烈。2005 年 6 月该场提前关闭，进行简易封场，但填埋气和渗滤液均未进行处理，导致大量垃圾被雨水冲刷，裸露地表，周边臭气熏人、蚊蝇满天。

2012 年，金口垃圾填埋场所在区域被选定为 2015 年在武汉举行的第十届中国国际园林博览会主会场所在地。以垃圾填埋场修复治理保障园博会用地，以园博会促进垃圾填埋场修复治理，是园博会历史上的一次创举，也是垃圾填埋场场地综合利用方面的一大创举。为此，在本届园博会组委会领导下，湖北省武汉市具体组织实施，在满足国家相关法律、法规、标准要求的前提下，采取妥善措施对金口垃圾填埋场进行无害化处理，保障金口垃圾场的环境安全，改善场区及周边的生态环境，消除环境和安全隐患，然后利用经过处理的填埋场地及周边土地，满足园博园建设用地需求，确保园博会的顺利召开。

12.2 现状评估

12.2.1 垃圾场的危害

金口垃圾填埋场（图 12-1、图 12-2）是老旧垃圾填埋场，在建设初期未按卫生填埋场的标准进行设计及建设，缺乏对污染物的有效控制，生活垃圾在降解过程中，产生的废气、废水和废渣污染了周围的空气、地下水和土壤，在关闭之后，继续排放气体、渗滤液等对环境造成污染和破坏。

图 12-1　垃圾场的
位置

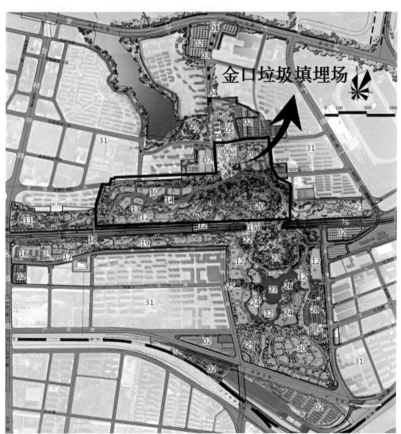

图 12-2　项目区位图

垃圾填埋场产生的污染主要表现在：

1. 大气污染。填埋场在厌氧条件下会产生大量的填埋气体，其成分主要为 CH_4 和 CO_2，还有少量的 H_2、N_2、H_2S 等气体。

填埋气体产生令人讨厌的臭气，污染空气，如不采取适当措施加以收集处理，直接向场外排放，会对周围环境和人员造成危害。

2. 水污染。垃圾填埋产生的水污染主要来自于垃圾渗滤液。这是垃圾在堆放和填埋过程中由于发酵、雨水淋刷和地表水、地下水浸泡而渗滤出来的污水。渗滤液成分复杂，其中含有难以生物降解的奈、菲等芳香族化合物，氯代芳香族化合物，磷酸酯，邻苯二甲酸酯，酚类和苯胺类化合物等。渗滤液对地面水的影响会长期存在，即使填埋场封闭后一段时期内仍有影响。渗滤液对地下水也会造成严重污染，使地下水水质混浊，有臭味，COD、三氮含量高，油、酚污染严重，大肠菌群超标等。地下和地表水体的污染，必将会对周边地区的环境、经济发展和人民群众生活造成十分严重的影响。

3. 土壤污染。城市生活垃圾中含有大量的玻璃、电池、塑料等难降解物品，以及重金属、渗滤液等污染，它们直接进入土壤，会对土壤环境和农作物生长构成严重威胁，使垃圾填埋场占用后的土地几乎全部成为废地。

12.2.2　直接在填埋场上建园的隐患

《生活垃圾卫生填埋处理技术规范》GB 50869—2013 规定："生活垃圾填埋场在未达到安全化和未经技术鉴定之前，不允许作为建设用地，一般垃圾场必须待封场达到稳定安全期后方可作为建设用地。"

若金口垃圾填埋场没有经过有效治理，直接作为建设用地在其上建园，除了存在上述污染问题外，还存在着不均匀沉降、堆体温度过高等一系列问题。

1. 垃圾堆体的不均匀沉降

垃圾填埋场中的生活垃圾经过降解、压实、自然沉降等综合作用，会产生一定的沉降。一般情况下，非正规垃圾填埋场达到稳定时的地面沉降率可达 10%～40%，沉降绝对高度为 1～5m。垃圾堆体的不均匀沉降会给位于其上的建筑物、构筑物造成一系列危害，如导致建筑物倾斜、建筑物严重下沉、房屋墙体开裂等。

2. 垃圾堆体温度过高

垃圾填埋场中的生活垃圾在降解过程中会产生大量的热量，导致垃圾堆体处在较高的温度之下，并会在填埋场达到稳定之前持续不断地散发热量，若直接在垃圾场上建园，绿化过程中表层土温度较高容易烧死树根，降低栽树的成活率。

（a）　　　　　　　　　　　　　　　　（b）

图 12-3　垃圾填埋场
现状

垃圾填埋场现状，如图 12-3 所示。

12.3　修复目标

本届园博会以"生态园博，绿色生活"为办会主题，以"创新、转型"为主要任务。消除环境污染，消除垃圾填埋场气体对大气的污染，消除渗滤液对地下水的污染。从办会要求上就开始创新、从园区选址上就开始转型，选址于中心城区西北方位的城郊结合部、市区生态环境最为薄弱的区域、全市最大垃圾山——金口垃圾场所在地。通过筹办园博会，我们提出了城市综合病一揽自解决方案为：在堆积如山的垃圾场上兴建园林；利用三环线南北两侧落差建设人工桥涵，实施生态织补，既隔音降尘，又连接三环线两侧南北城区；兴建园博园，完善周边配套市政道路，既改造又美化城中村等。"城市病"迎刃而解，由此把园林的雪中送炭作用发挥到极致。

12.4　实施方案

为了使填埋场快速达到稳定化，根据勘探结果和对整个垃圾填埋场进行系统调研分析，经专家多次论证，按垃圾的污染程度和垃圾堆体的稳定化程度，将整个填埋场地分为两类区域，第一类为基本稳定区，垃圾总量有 195 万 m³，采用常规封场覆盖方式进行修复；第二类为非稳定区，垃圾总量有 307 万 m³，采取好氧技术进行生态修复。实施路径如图 12-4 所示。

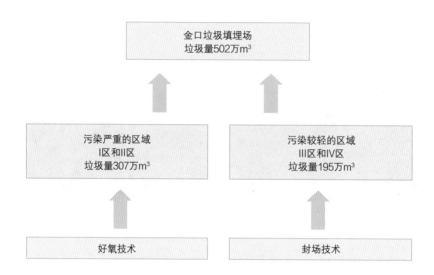

图 12-4　实施路径

12.4.1　好氧修复技术（垃圾场生态修复一标段）

　　对污染较重的非稳定区，采用好氧生态修复技术进行治理，其原理是通过成套风机设备，向垃圾堆体内注入氧气（即空气），将垃圾堆体原来的厌氧环境转变为好氧环境，垃圾发生好氧降解，生成以 CO_2 为主的气体，风机再将这些气体抽出，送入气体净化装置处理后，达标排放（图 12-5）。这种技术主要有几个优势：一是修复周期短，好氧降解时间比厌氧封场降解时间快 20~30 倍；二是环境相对友好，好氧修复产物以 CO_2 为主，而厌氧封场的主要产物是 CH_4，CH_4 对温室效应的贡献度是

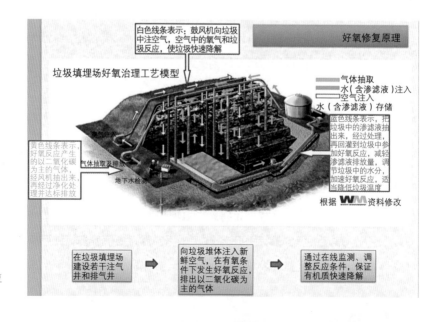

图 12-5　好氧修复
原理

图 12-6　管道铺设

CO_2 的 20 多倍；三是修复过程中无二次污染，符合可持续发展要求；四是修复过程通过方案优化，可以达到节能效果，并且减排效果明显。

在好氧修复区域实施的工程内容包括：设施建设包括各种井（包括注气井、抽气井、监测井、渗滤液收集井等）648 口，累计进尺 9780m；开挖管沟 16146m，铺设管道管线 48650m（图 12-6）；渗滤液储池容量 900m^3；设备安装包括 10 套专用风机组，2 套气体净化器、7 套气体现场监测站、温度湿度传感器 504 个及配套数据站 21 个，沉降观测点 72 个，以及注气抽气系统设备、气体净化设备、现场气体监测设备、温度监测设备、温湿度监测设备、流量监测设备的安装和调试，渗滤液收集池、设备区、生产用房、办公用房、场区道路等建构筑物的安装工程。

12.4.2　封场治理技术（垃圾场生态修复二标段）

对污染较轻的基本稳定区，采用规范化的封场技术进行治理，对垃圾填埋堆体进行重新整理，形成有利于雨污分流的场顶高程和坡度，配套渗滤液污水导排处理设施、填埋气体导排处理设施，对填埋场进行规范化的终场覆盖，并进行严格的封场后期维护管理，使填埋场的污染排放处于可控状态之下，逐步达到稳定化。园博园北区的"荆山"，以及张公堤附近区域，都属于进行封场治理的范围。另外，稳定区抽出的填埋气体和全场的垃圾渗滤液集中收集后输送至渗沥液和填埋气设备区进行处理。

在封场覆盖区域完成的工程内容包括：渗滤液井、沼气收集井共 96 口，管道工程总长约 2500m、雨水导排工程、封场覆盖工程等。其中封场覆盖层结构包括：植被层、排水层、防渗层、排气层。植被层为填埋场最终的生态恢复层，它能美化周围环境，防止雨水冲刷土壤，利于径流的收集及导排；排水层通常由粗砂和碎石构成，主要作用是收集耕植土层下渗的雨水；防渗层是封场覆盖成败的关键，可以防止雨水渗入垃圾堆体，也可以防止填埋气体透过覆盖层扩散；排气层的主要作用即将垃圾分解产生的有害气体进行收集，然后集中处理，以上各层包括专用膜、排水网、土工布各 20 万 m^2。如图 12-7、图 12-8 所示。

图 12-7　场区铺膜

图 12-8　渗滤液处理
回灌系统

12.4.3 垃圾渗滤液、填埋气处理系统（垃圾场生态修复三标段）

对治理过程中产生的渗滤液和填埋气，进行无害化处理。将收集的填埋气体输送至气模柜，采用预处理 + 热风氧化处理工艺将 CH_4 转化为 H_2O 和 CO_2；收集的渗滤液输送至调节池，采用"预处理 + 两级 DTRO 工艺"处理，排放的废气、废水均严格按照国家相关规范达标外排（图 12-9）。

图 12-9 填埋气系统

12.5 生态修复

12.5.1 绿化生态修复总体规划结构

金口垃圾填埋场坐落在武汉园博园规划的"荆山"景区，在"好氧修复"和"厌氧修复"之后必须要进行绿色生态修复，其总体规划结构是通过对北区原有生活垃圾填埋场的生态修复，建立具有湖北地理风貌特征的"荆山"景区，构建东西方向的生态山轴，成为园博园良好的背景山体和生态改造范例。

金口垃圾填埋场绿化规划模拟湖北各类型生态环境进行再构建，采用的是"适地适树，四季繁花"的概念，形成"荆山"八景，"楚水"四溪的特色景致，营造出一系列具有地方特色的山峰，谷地、花坡、林地、草地、溪流等景观。植物方面以绿色为底，山水为脉，依山就势，因地制宜，万木入园扮靓园博园，引入植物生态设计的理念，模拟森林植物群落构建，合理搭配常绿与色叶植物，通过观花、观叶、观果植物的合理组合，构建二十余个植物群落。

12.5.2 绿化生态修复总体设计方案

金口垃圾填埋场绿化生态修复总体设计方案根据武汉园博园整体空间形态"北山南水"的整体格局，对原金口垃圾填埋场进行生态修复，堆筑15m高的"荆山"，按照"一脉两峰、两谷三坡"的格局，形成"荆山"景区（图12-10～图12-12）。

图 12-10 2014 年 10 月施工中的"荆山"

图 12-11 2015 年
"荆山"上栽植施工
图 12-12 2015 年
"荆山"施工完成

　　"一脉"即"荆山"主山脉；"两峰"即主峰香涛峰和次峰（问茶坪），分别为高山密林和山林茶园。主峰周围以香樟、银杏等高大乔木形成苍翠山顶林冠线，中层多植丛生小乔与大灌木。次峰制高点设鸿渐亭，亭后以湿地松、朴树等高大乔木作为合围背景，亭前为疏林茶田，田间植有乌桕、栾树等色叶乡土树种，打造春茶秋叶的季相景观。两峰之间马鞍部分以大叶女贞、杜英等中型乔木为主。同时充分利用中下层植物强化山林空间的变化。结合地形种植成组成丛的观花类中小型乔灌本，实现曲径通幽、移步换景的景观效果。"两谷"是位于"荆山"北部山脚的

泛花海与西部山脚的寻芳谷。北部花谷用天然沟壑，因地制宜地设计为
谷地景观。谷地以碎石铺地，设若干棕色片岩干垒的岛状绿地，形成观
赏草和时令花弃为主题的多层次花境。西部寻芳谷位于用"荆山"西部
山脚与余脉之间，是以时令花卉为主题的花谷；"三坡"位于"荆山"东、
西、南三个面坡，分别展现了果林花坡的多彩之美、花境草坡的纯净之
美、跌水石坡的生动之美。东部果林花坡以下层丰富绚烂的野花组合为
特色景观，中上层植物以挂果植物为主，中层植物只在道路交叉口和林
缘少量设置，以便提供简洁的背景空间。西部花镜草坡是园区为数不多
的草坪开放空间，以雪松林、无患子林等为背景与繁茂多彩的花境形成
鲜明的对比，使得整个草坪区域大而不空。南部跌水石坡是结合"荆山"
引水工程打造的高山流水景观，跌水以石为骨架，以水为灵魂，水石相
生，形成了源头水口、落水石潭、过水漫滩、蜿蜒溪流、沃野平湖等多
元的流水景观。

12.5.3 绿化生态修复特色设计方案

1. 特色植物的选择

垃圾填埋场上方的树种选择很是关键，既要形成凸显生态群落稳定、
四季繁花似锦的植物规划特色，展现出垃圾场经过绿化生态修复后的生
物多样性及勃勃生机。为此，着重强调具有代表性的地域特色植物，突
出植物的抗污染性，并考虑引鸟、招蝶品种的应用，形成百花迎春、百
果映秋的整体景观气氛，彻底转变游人对垃圾场生态修复的忧虑，实现
"垃圾场上建花园"的绿化生态修复理念。

2. 高山流水的营造

金口垃圾填埋场"荆山"景区遵循相得益彰的原则，利用高大乔木为
背景，形成一个相对内聚的空间，凸显山间溪流的清幽之韵（图12-13）。
溪流两侧植物分为两段主题，上游水域较窄，水流湍急，曲折婉转，以
杜鹃花属为主结合溪流周边石景，形成特色景观；下游水域渐次开流水
舒缓，水中有岛，以垂柳、片植野花为主。溪流水生植物除了以各类水
生植物如水生美人蕉、旱伞草、菖蒲等品种外，特别强调溪流重要节点
的特型树的选择，如横卧出水口的匍匐黑松、探入水面的斜干朴树、傲
立溪流弯头的鸡爪槭，这些植物配合地被景石强化了溪流的空间意境。

（a）

图 12-13 "荆山"
景区里营造的高山流水

（b）

3. 海绵技术的应用

在金口垃圾填埋场"荆山"景区，还考虑到结合园区的"海绵"应用，使得"荆山"景区在适应环境变化和应对自然灾害等方面具有良好的弹性，优先考虑利用更多的自然力量排水，建设自然积存、自然渗透、自然净化，把有限的雨水留下来。充分利用"荆山"自然渗透自然条件，提高雨水溶透，同时在"荆山"景区的大量场地及道路铺装材料选用了透水生态材料，有效地保障了园区雨水的自然下渗。并且雨水经流绿地实现雨水初步的过滤净化，在"荆山"山脉，园路侧设计了生态草沟及散落的雨水花园生物滞留设施，在地势较低的区域，通过植物、土壤和微生物系统蓄渗、净化径流雨水后汇入园区"楚水"系统，保障了干旱极端天气下绿化灌溉的需求和景观水位的要求。

４．设施设备的遮掩

金口垃圾场的上方是"荆山"景区，为了做好垃圾场的修复治理，
在"荆山"景区范围内配套了各种机房、出气口、配电箱、监测控制点
等设施设备，有较多设备在园区开放后还在持续运转使用。为了保证景
观效果，设计之初就考虑现场需要，利用各种植物来对设施设备进行遮
掩和装饰处理，既不破坏整体景观效果，又保证了修复配套设备的正常
运行使用（图 12-14）。

（a）

图 12-14　垃圾处理
设备周边的绿化

（b）

12.6 修复效果

一是为世界气候变化贡献了武汉样板。把金口垃圾填埋场作为园博园建设场地，首开我国在垃圾处理和生态修复后的生活垃圾填埋场上举办园博会的先河，将园林与环保有机地结合起来，符合武汉建设两型社会的理念，体现了追求卓越、敢为人先的武汉精神，更体现了党的十八届五中全会提出的"绿色发展"理念。

二是标本兼治成就"江城绿肺"。武汉园博园成为一片新的"江城绿肺"。园博会地址位于城市的西北风口，而园博园种类丰富的绿色植被能在一定程度上改变风速和风向，对 PM2.5 有较好的阻挡和吸附作用，可以显著地降低城市三环线周边的粉尘和微小颗粒，将城市灰带变成城市绿带。人均公园绿地面积显著提高。建成后的园博园，将增加全市人均公园绿地面积 $0.2m^2$，占全市现有人均公园绿地面积的 2%；增加江汉、硚口、东西湖三区的人均公园绿地面积 $1.2m^2$，约占三区现有人均公园绿地面积的 20%；尤其相当于增加硚口区人均公园绿地面积 $3.1m^2$，占硚口区现有人均公园绿地面积的 58%。

三是生态治理促进社会治理。本届园博会对该区域一系列历史遗留问题、多方纠结问题、积重难返问题，实施外科式手术、实现"一锅端"，化解了一大批影响社会稳定的社会矛盾和经济纠纷。通过运用治理技术，较为彻底地解决了垃圾填埋所引起的环境污染问题；通过生态织补，构建生态廊道，缝合城市三环线南北区域；通过建园，解决城中村改造问题，消化大量社会矛盾。

四是城市形象发生明显变化。因为办博，武汉全面疏通城市交通。园博园周边 19 条道路全面提档升级，倒逼城市轨道交通网络加快建设、三环线改造提速。实施"一园多点、一点全域"战略，开展绿化大行动，促进城市品质大提升。同时，"办博"充实、丰富、延伸和拓展了武汉"文化五城"，并以园林文化为纽带，牵引社会组织创新、社会管理创新，提高市民素养，提升城市形象，促进社会和谐。

五是民生得到改善。园博园周边地块迅猛升值，带来巨大地价效应，成为当地经济转型发展的又一大亮点。周边贫困户的财产性收入成倍增加，大批解决周边居民就业，让园博会周边的就业游击队，转变成创业正规军。他们就业条件和结构得到明显改善，可以体面就业，有尊严地生活。廉租房、还建房变成了"园景房"。不经意之中，无形资产在有序完成再分配，园博园周边中低收入人群家庭财产性收入实现倍增。巨大绿色福利，改善了园博园地区的民生。

六是为市民提供了游园新去处。园博会开幕后，立即受到市民游客的热捧，园博园已成为武汉市民和外地游客节假日、黄金周及周末出游的首选，自驾游、团队游络绎不绝。游客看展园、赏美景，陶冶情操，享受情趣。园区还开展了丰富多彩的文化活动。特别是春节期间，举办了花灯会、汉口里庙会和湖北首届龙狮大赛等系列文化活动，游客纷纷点赞，认为这丰富了老百姓的春节文化生活，很有年味。自开园至今，目前共接待国内外游客500多万人次，单日最高客流突破10万人。

主管单位：第十届国际（武汉）园林博览会筹备工作领导小组

建设单位：武汉园林绿化建设发展有限公司

监理单位：武汉市政监理公司

设计施工一体化单位：景弘环保－国环清华联合体（一标段）

　　　　　　　　　　中南市政－深圳中兰联合体（二标段）

　　　　　　　　　　北京天地人－时代桃园联合体（三标段）

案例编写人员：余凤生、董冲、万聪、骆俊

第 13 章

上海市吴淞炮台湾国家湿地公园项目

13.1　工程概况

13.1.1　项目背景

炮台湾是扼守长江、黄浦江的重要军事基地，是著名的上海吴淞口水上门户。清政府曾在吴淞口建造水师炮台，故得名"炮台湾"。清代名将陈化成抗击英军曾英勇殉职在这片土地上；中国第一条铁路"淞沪铁路"由此始发；"淞沪抗战"十九路军在这片战场浴血奋战，谱写了豪迈史绩；新中国解放上海的号角在这里吹响，这里是英勇的突破口。

炮台湾作为重要的海防要塞，曾驻有陆、海、空三军。20世纪60年代初期，因战备需要用钢渣回填形成炮台山，并在沿江形成了大片钢渣地，一度成为钢材堆场、停车场、采砂场，以及外来拾荒人员的居住地，对炮台湾生态环境造成了严重的破坏（图13-1，图13-2）。为改善生态环境，弘扬炮台湾的历史与文化，发挥黄浦江与长江交汇处独一无二的地理优势和自然风貌，市、区两级政府共同规划、建设了上海吴淞炮台湾国家湿地公园（以下简称"炮台湾公园"）。

图 13-1　建设前

图 13-2　建设前采砂
作业

13.1.2　项目概况

　　炮台湾公园东濒长江，西倚炮台山，南迄塘后路，北至宝杨路，隔江与浦东滨江森林公园相望（图 13-3）。公园总面积 120hm²，其中陆域面积 60hm²，原生湿地面积 60hm²，沿江岸线约 2000m，工程总投资约 3 亿元（图 13-4）。公园一期于 2005 年建设，2007 年 5 月对外开放；二期于 2008 年 11 月开工建设，2011 年 10 月建成开放。这座从钢渣废墟上建起来的绿洲宛若镶嵌在长江江畔上海滨江带的一颗绿色明珠，绽放绚烂的光芒。

图 13-3　公园区位图

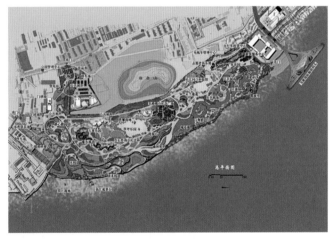

图 13-4　公园总平面图

13.2　现状分析

　　长期以来，炮台湾公园原址钢渣肆意堆积，严重影响了周边环境。从所处地理位置而言，由于基地地处吴淞口西侧，是进出黄浦江的重要门户，此地环境的好坏，将直接反映宝山区乃至上海市的生态环境质量，钢渣的随意堆放，是对宝山区总体生态环境的破坏。就土壤状况来说，钢渣内一些重金属元素的含量，对长江岸线附近的水质产生一定的影响。基地濒临长江，处于宝山区的上风向，受江面来风的吹袭，场地内的钢渣颗粒大小不一，较细小的钢渣会产生大量的粉尘，影响周边的空气质量。虽然有众多不利因素存在，但是该区域还是有自己独特的地理位置

图 13-5　原生态湿地

以及优势特征，在后期建设中得到了很好的保护和利用。

　　1. 原生态湿地：公园是长江河口滩涂湿地的典型代表，以河口湿地
为主，东南部约有 60hm² 的滩涂地，生态环境良好，拥有丰富的湿地动
植物资源，保护和利用价值高，景色优美，是城市中难得的自然原生态
湿地（图 13-5）。

　　2. 钢渣废弃堆：基地约有 43hm² 为钢渣回填而成，钢渣填置平均
深度为 8m，现状多为粗粉末状钢渣，局部为块状钢渣，随意堆放，并有
铁砂采砂场作业，形成了外来人员的集聚地，环境一度被严重污染。钢
渣的扬尘对长江水质也产生一定污染。

　　3. 背山面水：公园西靠炮台山，东临长江，具有良好的地理条件和
区域优势，以炮台山为背景，借山引景，使公园具有背山面水的独一无
二的景观。

13.3　生态修复建设总体规划

　　炮台湾公园的建设秉承生态修复和场地记忆再生再利用的理念，将
生态修复、场地精神融于公园的景观设计、防洪功能、基地改良、文化
重建等诸多方面。

13.3.1　规划理念

　　公园的设计理念是环境更新、生态修复、文化复建，由此创造多重

图 13-6　吴淞炮台文
化广场

含义的景观。

　　1. 环境更新：利用丰富的自然人文资源，通过废弃地的改造更新再利用，让人们意识到环境更新所带来的生态回归，以及悠久地域文化带给人的精神启迪。

　　2. 生态修复：公园建设中注重生态改造，尊重原地貌和场地精神，因地制宜取材造景，建立湿地—森林的自然生态体系，体现科学的生态发展观。

　　3. 文化重建：公园建设中着重挖掘传承历史特色和军事文化，唤起人们对这片土地的追忆，并增加人们的国防意识，形成上海地区一个爱国主义教育基地，共同来维护宝山炮台湾这片具有深厚历史文化内涵的土地（图 13-6）。

13.3.2　功能定位

　　公园设计建设的宗旨是以人为本，坚持工业文明与生态文明协调发展，通过高品质公园的建设，营造一流生活环境和安居环境，提高居民的生活水平和生活质量，让居民在劳作后有个休闲娱乐的好去处，不断提升居民的归属感和幸福感。

13.4　生态修复实施方案

　　炮台湾公园是在钢渣地上建造的公园，其特殊的地理条件是公园生态修复的主要特点。公园的生态修复以钢渣不外运、不产生二次污染为原则，以建成自然的湿地及森林景观为目标，以废弃地更新为契机，结合滩地保护与改造，将亲水空间融入湿地景观，将竖向设计融入防洪规划，将军事防御融入景观设计，实现人类、自然、军事、生态的和谐共生。

首先，利用废渣造景，充分利用原有钢渣地的地形地貌，合理平衡土方，使钢渣不外运并避免造成二次污染。利用钢渣作为道路、广场等硬质场地的路基，利用矿坑的深度因地制宜设计矿坑花园，利用堆起的钢渣山设计假山等景观，绿地区域采用钢渣填埋后，上覆种植土达到种植要求。

其次，防洪堤的后退式设计，使滨水前沿的标高降低，塑造滨江景观步道，实现人与长江零距离，并为内水的生态岛设计打下良好基础，而内部塑造堤路合一的主园路，既满足通行又满足防洪的要求。

再次，保留滩涂恢复生态，滩涂湿地展现了长江河口的原生态自然风貌，构建的园林景观凸显了滨江的湿地特色和人文情怀。

主要采取的技术措施有：江界的处理、生态岛的处理、驳岸与防洪处理等。

13.4.1　江界的处理

长江的防汛要求较高，为 200 年一遇的防汛标准，要求防汛标高为9.2m。炮台湾公园采用创新手法，设计西侧主干道标高为 9.2m 达到长江防汛要求。而江界的处理则维持原有的岸线，采取措施保证其固有的稳定性。由于此处江水冲刷较大，在没有水下地形图的情况下，在江界边抛石，以免江水冲刷园内的生态岛，防止塌方，保证公园的面积及景观效果（图 13-7）。

总体设计将江水引入园内，布置几座生态小岛，利用栈道及平台将人引入其中。有些岛为生态孤岛，恢复其原始生态性。在江界处，设有江堰，将水分为内水和外水，利用堰形成虚隔断。堰顶标高设在常水位，当涨潮时，江水淹没江堰，岛内部随水位的变化而产生动态景观。当落潮时，可保证内部水位标高在常水位，保证内部的水景营造效果。江堰用大的石块有序堆叠，形成几组景石，并将其延续到生态岛的岸边，形

图 13-7　江堰实景

图 13-8　江堰剖面图

成连续的整体，从视觉效果上柔化了生硬的江界线。江堰剖面图如图
13-8 所示。

13.4.2　生态岛的处理

　　生态岛从原有钢渣地上挖方形成，由于原始状态较稳定，所以从工
程上能够保证其稳定性。生态岛上种植乔木、灌木、草等不同植物，需
覆种植土。由于此处长江平均潮差达到 3.31m，植物的种植品种分布随
潮位的变化也有所不同，在警戒水位上可种植乔木，覆土 1.5m；在高潮
位到警戒水位间可种植灌木，覆土 0.8m；在高潮位以上种植草本植物，
覆种植土 0.3m。为保持覆种植土的稳定，须采取相应的稳固措施。工程
上采用土工格室的形式（土工格室用于河道堤岸防护时，具有良好的抗
拉强度和超过 700% 的延展率，可在 -77℃ 的低温下使用而不发生脆变
反应等特性）。土工格室厚度仅为 1.25mm，比运用混凝土美观，易于隐
藏，不影响整体造景要求。生态岛剖面图如图 13-9 所示。

　　由于钢渣颗粒较大，种植土较细，钢渣上层如直接覆种植土，土壤

图 13-9　生态岛剖
面图

图 13-10　生态型
驳岸

会直接渗漏到钢渣中，不能保证土层的厚度，对植物的生长不利。解决
方案是在钢渣上层与种植土之间放土工布，作为隔离层防止土壤下漏。

13.4.3　驳岸与防洪处理

滨水景观栈道与内水相邻，滨水景观道的多数标高设在警戒水位线
之上。由于道路标高与江水面落差较大，为此驳岸采取自然的毛石材料，
回归自然，下方堆叠景石，上方种植攀援植物，下垂形成生态型驳岸，
符合总体设计理念要求（图 13-10）。

江界处江水冲刷较大，对生态岛的稳定有一定影响，所以在江界边
抛石，以防止生态岛塌方，保证公园的陆域面积及景观效果，抛石操作
在涨潮时采取水抛形式，可节省运费及造价。

13.4.4　污染废弃地的利用

在钢渣堆上建造公园，首要任务是在钢渣地上进行绿化种植。在保

图 13-11　钢渣铺
图 13-12　湿地景观

留原有钢渣的基础上，利用钢渣堆造地形，并根据植物生长的需要将钢渣与种植土进行不同配比的混合，实践证明，钢渣丰富的矿物质元素以及良好的透水透气性为植物生长提供了良好的条件。在充分利用钢渣建造地形外，选用大小不等的钢渣块作为广场铺地，并通过矿坑的形式，展示基地垂直剖面状况，让游客直观了解基地形成的过程（图 13-11）。

13.4.5　原生态湿地的保护

近海与海岸湿地是公园的精髓所在，湿地面积约 60 余 hm²，绵延两公里，遍布着典型的河口地貌景观，如潮沟、波痕、陡坎等淤泥质潮滩地貌，具有草本沼泽和潮滩等不同的湿地类型。自然生境和人工生态环境良好的结合，使公园具有丰富的动植物资源，在涵养水源、净化水质、调蓄洪水、美化环境、调节气候、保护生物多样性等方面发挥重要的生态功能。它们与长江口特有的动植物资源构成了绚丽多彩的河口湿地景观（图 13-12）。

13.5　修复效果

13.5.1　植物多样性的发展

通过植物对钢渣理化性质的适应性实验，在保留宝山特色植物的基础上，积极运用乡土植物，同时引进外域苗木，公园内共记录高等植物 46 科 90 属 108 种，其中被子植物 44 科 86 属 104 种，裸子植物 2 科 4 属 4 种。近海海岸湿地记录高等植物 15 科 33 属 41 种，人工湿地中记

图 13-13　花团锦簇

图 13-14　水鸟栖息

录高等植物 42 科 81 属 92 种。在营造森林、湿地景观的同时，数十种
竞相绽放的四季野花（图 13-13）、水鸟栖息（图 13-14）成为公园重
要景观。

13.5.2　生态良性的发展

通过几年来生物良性发展、生态不断修复，公园内生态系统、动植
物栖息环境得到有效保护和明显改善，已吸引无数水鸟和两栖动物在
此安家落户（图 13-14）。据不完全统计，记录到鸟类共计 14 目 39 科
144 种，其中包括水鸟 47 种、陆鸟 97 种，有 20 种鸟类被列入中澳候鸟
保护协定，有 67 种鸟类被列入中日候鸟保护协定。记录到国家二级保护
动物 10 种；74 种鱼类，共计 13 目 23 科，共发现大型底栖动物 10 种。
丰富的动植物使得公园的生态系统得到有效地、良性地发展。

13.5.3　成果效益

（1）社会效益。炮台湾公园的建成，对优化周边地区的环境质量，改善当地居民的居住质量都具有重要意义，同时也为全市市民提供了一个良好的自然休闲空间。

（2）生态效益。项目的建成，大大消除了当地的生活污染源。吸收二氧化碳和有毒有害气体，释放氧气，提高空气中负离子浓度，减少产尘量增加滞尘量。同时树木还有减弱噪声、杀菌等作用。改善局部小气候，调节温度，降低城市热岛效应。

（3）经济效益。产生的直接或间接效益，表现在通过环境改善，绿地量增加，大大促进了招商引资和对外开放，提升区域投资环境的品位和质量，也带动了周边土地价格的升值，拉动了宝山旅游业的发展，增强了城市的发展后劲和城市的竞争力。

自 2007 年一期建成开园以来，炮台湾公园深受市民喜爱，先后获得"改革开放 30 年上海市建设成果银奖""中国人居环境范例奖""2010年 IFLA 亚太区第七届风景园林管理类杰出奖"等荣誉，被评为"全国科普教育基地""上海市五星级公园""4A 景区""国家级湿地公园"。

设计单位：上海市政工程设计研究总院（集团）有限公司
施工单位：上海园林集团有限公司
建设单位：上海市宝山区绿化和市容管理局
管理单位：上海市宝山区绿化建设和管理中心
案例编写人员：许东新、须莉燕

城市生态系统修复

停止对生态系统的人为干扰，依靠生态系统的自我调节能力与组织能力，辅以人工措施，使遭到破坏的生态系统逐步恢复，向良性循环方向发展。

第 14 章　徐州城市生态系统修复工程

改革开放后，徐州依托得天独厚的资源优势，发展了以煤炭工业、矿产资源加工业等为核心的产业体系，城市经济快速发展。然而资源依赖型工业的发展是以牺牲生态环境为代价的，矿产资源的过度开采和工业废物的排放导致城市环境恶化、伤痕累累。通过山水棕绿综合生态修复技术应用，城市生态系统得到修复，这对区域综合实力提升、经济社会健康发展做出了积极贡献。

第 15 章　福州城市生态系统修复工程

福州市委、市政府高度重视城市双修工作。福州以列入全国第二批双修试点城市为契机，精心组织，协同部署，启动实施了一大批城市双修项目，全力推进国家试点工作，通过园林绿化项目修复城市山体、湿地、滨水等内容，打造福州城市独有的生态系统。

第 14 章

徐州城市生态系统修复工程

　　徐州市简称"徐"，古称彭城，是国家历史文化名城。它东襟淮海、西接中原，南屏江淮，北扼齐鲁，素有"五省通衢"之称。徐州四周有海拔 100～250m 的山丘近八十座，故黄河、京杭大运河穿城而过，构成徐州市基本的山水格局特征，正所谓"群山环抱，一脉入城；两河相拥，一湖映城"。改革开放后，徐州依托得天独厚的资源优势，发展了以煤炭工业、矿产资源加工业等为核心的产业体系，城市经济快速发展。作为全国重要的老工业基地，长年的能源开采和工业生产，给徐州留下了面广量大的采煤塌陷地、工矿废弃地和采石宕口，"煤城""灰色"成为徐州城市的黯淡印记。改善徐州生态环境、建设山清水秀美好家园，是徐州全市人民多年来的梦想和期盼。

　　近年来，徐州市委、市政府以创建国家生态园林城市为抓手，秉承"生态、自然、节约"和"精品园林"建设理念，坚持把生态文明建设作为振兴徐州老工业基地的重中之重，全方位、大力度开展生态建设和环境保护，以生态转型带动产业转型、城市转型、社会转型，主要生态建设指标走在全省前列，成功创建国家森林城市、国家环保模范城市、国家卫生城市、国家生态园林城市创建取得实质性突破城市面貌初步实现了由"灰"到"绿"的历史性转变，彻底改变了徐州"一城煤灰半城土"的城市旧貌，塑造了"一城青山半城湖"的古城新颜，基本实现了园林与城市、人文与山水的相互交融，形成了"自然山水大气恢宏，园林绿化精致婉约"的城市特色风貌，探索出了一条具有徐州特色的老工业基地绿色振兴之路。

14.1 生态评估

14.1.1 山体

　　随着徐州城市的扩张和采矿业的发展，山体逐渐被建设用地、工矿用地侵蚀，形成大量山体破损面。一些采石宕口与地面形成 90° 甚至大于 90° 的交角，岩石裸露，植被荒芜，与周围植被覆盖良好的山体形成鲜明的对比（图 14-1～图 14-3）。这些山体破损面对城市生态安全、城市景观以及周边的土地经济价值造成了严重的影响。相关研究统计显示，徐州全市约有 70% 的山体被开挖。2010 年，全市共有关闭和在采露采矿山 905 个，占地面积 1640hm²，宕口破坏土地面积 956hm²。其中，市区有废弃矿山宕口 106 个，宕口采空区水平总面积 193.61hm²，垂直总面积 35.17hm²，徐州市采石宕口分布图如图 14-1 所示。

图 14-1　徐州市的露天采石宕口创面
图 14-2　石质荒山
图 14-3　侧柏纯林

图 14-4　徐州市采石
宕口分布图

图例
■·采石宕口
　　水系
═══道路
───建成区

14.1.2　水体

20 世纪 80 年代后，随着工业生产与城市的快速发展，徐州市水环境质量不断恶化。河流、湖体等生态空间被用作鱼塘、码头，生活污水、工业污水、废水、生活垃圾等直接排入河流。据《2006 年徐州市环境质量公报》显示，2006 年工业废水排放量 9751.61 万吨。在地表水 47 个断面中，达到或好于 Ⅲ 类水的仅有 22 个，Ⅳ 类水 12 个，Ⅴ 类水 4 个，劣 Ⅴ 类水 9 个。全市一半以上的断面水质受到较严重的污染，或富营养化，或变黑发臭，不能直接利用，徐州市 2006 年水质监测断面情况如图 14-5 所示。

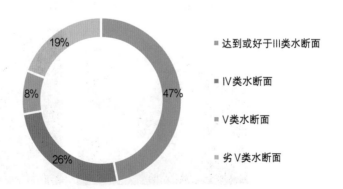

■ 达到或好于 Ⅲ 类水断面

■ Ⅳ 类水断面

■ Ⅴ 类水断面

■ 劣 Ⅴ 类水断面

图 14-5　徐州市 2006
年水质监测断面情况

14.1.3 废弃地

徐州市作为全国战略性的煤矿工业基地，长期的煤矿开采导致大规模煤矿塌陷区的形成。采煤塌陷区的生态影响表现在诸多方面，例如降低土地可利用性、导致土壤盐渍化和水环境污染、危害周边地区工程地质安全等。根据《徐州市"十二五"采煤塌陷地农业综合开发规划》，到2010年底，全市有采煤塌陷地面积 3.05 万 hm²。其中，已治理面积 1.09 万 hm²，未治理面积 1.96 万 hm²。常年积水 1.0m 采煤塌陷地全市域共有 1.67hm²，主要分布在贾汪区和铜山区（图 14-6）。

图 14-6 徐州市域采煤塌陷区分布图

图例

- ▨ 采煤塌陷区
- ▦ 建成区
- 🜲 山林
- ▫ 水体
- —— 道路
- --·-- 市域
- ------ 建成区

14.1.4 绿地

2004 年以前，市区的公园绿地大多分布在中部、西部的云龙山—云龙湖以及故黄河周边，其他地区的公园绿地则相对缺乏，尤其是建成区北部、东部和南部（图 14-7）。

部分历史悠久的公园存在文化特点不突出、植被景观有待优化、设施陈旧、管理体系不完善等问题，其生态休闲服务功能受到一定影响。

图 14-7　徐州市 2005
年公园绿地服务半径
覆盖

公园绿地
服务半径覆盖
公园绿地
水系
道路
建成区

14.1.5　大气

由于徐州市的工业结构以能源（煤炭、电力）、建材、化工等为主导，烟尘、废气排放量大。加之地处黄河故道沙区，春、秋、冬三季易扬沙起尘，大气环境质量长期较差。

据徐州市环保局监测数据显示，2003 年徐州市区大气主要污染物 SO_2、NO_2、PM10 年平均浓度分别为 $0.08mg/m^3$、$0.047mg/m^3$、$0.211mg/m^3$，均超过《环境空气质量标准》GB 3095-2012 规定的二级标准，其中尤以 PM10 超标最为严重（图 14-8）。根据 API 指数的计算分析，2003 年市区空气质量好于 Ⅱ 级的天数为 109 天，Ⅲ 级天数为 227 天，劣于 Ⅲ 级的天数为 29 天。

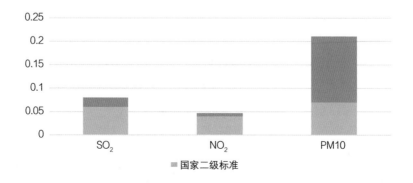

图 14-8　徐州市 2003
年主要空气污染物浓度

14.2　制定方案

2002 年，徐州市委、市政府提出"天更蓝、地更绿、水更清、路更畅、城更靓"五大行动计划，将城市生态修复作为城市重点工作。由市委、市政府统一领导，全面统筹，组织摸底调研，编制相关规划及城市生态修复行动方案，建立以市城建重点工程办公室统一扎口，多部门密切配合、协同参与的组织体系。

徐州市城建重点工程办公室负责全市生态修复工程项目（归属城建重点工程）的年度计划编报、方案预审、进度调度、推进协调、督查考核等，发改委负责项目立项，规划局负责统筹相关规划，市政园林局牵头负责城市生态修复及园林绿化项目实施，国土局负责矿山修复、塌陷地复垦和修复后土地整理，城乡建设局负责棚户区和城中村拆迁改造，农业委员会负责荒山绿化和山体景观提升，水利局负责城市水生态修复和河湖水系等滨水绿化，环境保护负责改善空气、水体质量和污染物总量减排，城市管理局负责城市环境综合整治项目，交通局负责城市主要交通干道绿化美化。

各城区成立了由区委、区政府主要领导任组长、区政府各相关部门和各街道办事处主要负责同志为成员的领导小组，统筹协调、跟踪督办本辖区内的各项城市生态修复工程项目实施。各街道、重点单位也成立了相应的工作机构，建立领导包挂责任制，形成一级抓一级、层层抓落实，共同推进城市生态修复工作的强大合力。

组织市、县、镇三级技术人员深入调研，对徐州市规划区范围内的山体、河流、湿地、绿地、林地等生态空间、生态要素开展摸底普查，并开展城市生态修复专题研究。分析存在和面临的主要生态问题、起因、规模等，并从地域空间进行识别分析，总体划分 3 类：一是严格保护类。对生态系统、生态资源及其功能等完好的区域进行严格保护；二是自然恢复类。对生态系统、自然资源存在被破坏风险的区域，或者生态功能濒临退化的区域，尽量减少人工干预，让自然做功，逐步恢复原生态功能；三是人工修复类。将生态系统、自然资源已经被破坏、生态功能已经退化的区域，确定为城市生态修复的重点，提出各类生态空间及要素的修复目标、任务等。

在摸底评估及专题研究的基础上，编制各项城市生态修复相关规划，包括《徐州市绿地系统规划》《徐州市水资源保护规划》《徐州市区黑臭河道整治规划》《徐州市矿山环境保护与治理规划（2006—2015年）》《全市67个小码头综合整治规划》《徐州市生态红线区域保护规划》等。以规划定目标、下任务，引领城市生态修复工作有序推进。

14.3　山体修复

14.3.1　修复措施

1. 退建还山

据2005年的统计数据，市区共有山头156座，山林面积6016.73hm^2。山林中违章建筑760余处，面积近300hm^2。近十年来，政府严格实施山林绿线保护规划，控制侵占山林绿地的建设行为，与此同时，先后组织实施了云龙山、珠山、西凤山、白云山、无名山等山体周围单位、村庄的整体拆迁和退建还山工程（图14-9）。退建还山工程面向的不仅包括违章建筑，还包括更大数量的、历史上村民依山合法建筑的民居。对退建出来的土地，从规划源头抓起，邀请高水平的园林景观设计单位进行生态恢复和景观设计。对于生态景观区位重要、市民关注度高的敏感工程，通过多渠道向社会公示，广泛征求市民和社会各界的意见。退建还山技术路线示意图见图14-10。

2. 创面修复

2005年以来，徐州市因地制宜，积极推进露天采矿山生态恢复和景

图14-9　2003年以来云龙湖周围整体搬迁村庄示意图

图 14-10　退建还山技术路线示意图

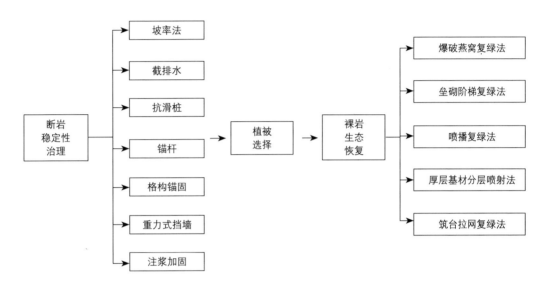

图 14-11　采石宕口生态恢复技术路线示意图

观建设，先后对东珠山、龟山、九里山等 42 处采石宕口实施修复。到 2014 年年底，主城区 42 处长期采石形成的宕口废弃地得到了良好治理，生态恢复率达到 82.44%。"金龙湖宕口公园"被国土资源部誉为国内城市废弃矿山治理的典范之作。

采石宕口生态恢复的基本技术包括断岩稳定性治理、植被选择和裸岩生态恢复三个方面（图 14-11）。

在断岩生态恢复前，应先对潜在、不稳定的断岩进行处理。工程条件许可时，优先考虑采用坡率法。现场条件不允许、放坡工程量太大或仅采用坡率法不能有效提高其稳定性的断岩，需进行人工加固。人工加固常用方法有注浆、挡墙、锚杆（索）、格构锚固、抗滑桩及综合支挡结构等。

裸岩生态恢复的关键是选用适当的植物，并为之创建适生的生境，使之定居成功。主要的技术方法有爆破燕窝复绿法、垒砌阶梯复绿法、喷播复绿法、厚层基材分层喷射法和筑台拉网复绿法等。

植被树种的选择本着"适地适树、乡土物种为主、兼顾生态、景观、经济性"的原则，具体见表 14-1。

徐州市裸岩生态恢复适宜植被类型　　　　　　　　　　　　　　　　　　　　表 14-1

类别	树种
常绿乔木	侧柏、龙柏、女贞
落叶乔木	黄连木、泡桐、五角枫、栾树、苦楝、构树、桑树、乌桕、臭椿、梓树、朴树、榆树、槐树、皂荚、刺槐、枫杨、旱柳等
灌木	小叶女贞、海桐、紫穗槐、杜梨、君迁子、胡枝子、野蔷薇、紫荆、盐肤木、火炬树等
藤本	爬山虎、葎草、凌霄、扶芳藤、常春藤、珊瑚藤、炮仗花、木防己等
草本	狗牙根、狗尾草、白茅草、紫花苜蓿、野菊花、二月兰、酢浆草、草木樨、乌蔹莓、牛筋草、蒲公英、马兰、打碗花、委陵菜、天湖荽、问荆等

　　　徐州市建成区已修复和待修复的采石宕口如图 14-12 所示。

　　3.　荒山复绿

　　　林业部门以诸多荒山造林技术研发项目为依托，从 2007 年开始组织实施大规模工程造林。到 2014 年 5 月，累积营建石质荒山生态风景林 8486.7hm²，运用的造林树种（含灌木）达到 33 个，每个山头不少于

1. 东珠山

2. 九里山

2. 九里山

3. 云龙山

4. 王山

图例

■　·　未修复采石宕口
▨　·　已修复采石宕口
▨　　水系
　　　道路
　　　建成区

图 14-12　徐州市建成区内已修复和待修复的采石宕口

5 个，侧柏比例下降至 50% 以下。在此基础上，总结出了具有全国影响力的石质荒山生态风景林营建技术、人工促进侧柏纯林演替技术等，荣获国家级、省级诸多奖项。

通过石质荒山立地条件分析，确定地块造林属性与地域分异特征。在此基础上，开展生态风景林类型规划，将拟实施生态恢复的荒山划分为森林景观优化区、森林生态优化区、生态景观并重区 3 个类型（图 14-13）。根据规划目标，本着适地适树、乡土物种为主、兼顾生态、景观和经济性的原则，筛选出适生造林树种 33 种，确定生态景观林模式、生态休闲模式、生态保育林模式三种林分结构模式（表 14-2）。具体营建生态风景林过程中，首先确定以鱼鳞坑整地、穴状整地为主的整地方案；其次选择特定苗高、地径的苗木，并根据立地类型和树种冠幅、树冠层密度等特性确定造林密度；最后针对石质丘陵土层薄、土壤持水力低、肥力差等问题，应用保水剂、生根促进剂、基肥等造林辅助技术，提高苗木成活率。徐州市建成区已复绿和待复绿的荒山如图 14-14 所示。云龙山林相改造前后对比如图 14-15 所示。

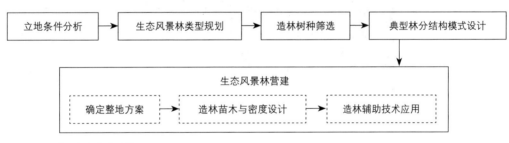

图 14-13　荒山复绿技术路线图

徐州市石质荒山适生造林树种表　　　　　　　　　　　　　　　　　　　　　表 14-2

类别		树种
大乔木	常绿	雪松、铅笔柏
	落叶	枫香、榆树、麻栎、刺槐、黄山栾、黄连木、臭椿
中乔木	常绿	侧柏、圆柏、龙柏
	落叶	青檀、青桐、柿、乌桕、五角枫、三角枫、苦楝
小乔木	常绿	女贞
	落叶	杏、山楂、杜梨、石榴、枣、黄栌、火炬树
灌木	常绿	火棘、石楠、小叶女贞
	落叶	紫穗槐、迎春、连翘

图 14-14 徐州市建
成区内已复绿和待复
绿的荒山

图例

▨ 待复绿荒山
▨ 已复绿荒山
▨ 水系
── 道路
── 建成区范围

图 14-15 云龙山林
相改造前后对比

14.3.2 典型案例

徐州市金龙湖（东珠山）采石宕口位于徐州经济开发区"高铁国际
商务区"核心区域，原为乡村采石场，按位置分为南北 2 片宕口区。由
于无序开采，危崖乱石裸露，植被荡然无存，破碎的岩体、累累的危崖、
大大小小的乱石岗，满目疮痍，像一块"城市的伤疤"，严重影响了开发
区的生态环境与景观形象。生态修复与景观重建本着"创新模式、科学
治理"的原则，以"恢复整个东珠山区域的生态环境，同时，保留必要
的采矿遗迹，打造城市历史的时空图式，进而组合成新的矿山遗址景观。
成为综合性、高品质风景名胜区和科普教育基地"为目标，以"修复生
态、覆绿留景、凝练文化、拉动经济"为理念，通过创新设计理念，融

合国际矿山治理先进技术，精巧施工、巧于因借，最终打造"虽由人作、宛自天开"的独特山景魅力与人文气质的大地艺术景观。整个工程分 2 期实施，一期工程位于北坡，总面积约 12hm²，二期工程位于南坡，总面积约 22hm²。工程的实施把一座满目疮痍的山体变为一座风景优美的宕口公园，成为徐州东部高铁出口第一颗璀璨的生态明珠，彻底改变了区域生态环境与景观质量（图 14-16）。

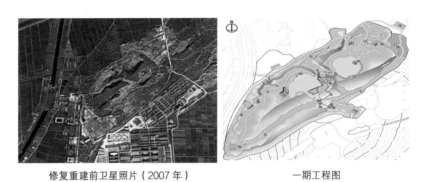

修复重建前卫星照片（2007 年） 　　　一期工程图

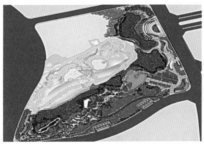

图 14-16　金龙湖（东珠山）采石宕口生态修复与景观重建过程图

二期工程图 　　　修复重建后全貌

1. 修复治理的技术条件分析

（1）自然条件

东珠山为东西走向的山丘，海拔 140m，山脊线及东侧山坡残存有少量 20 世纪 50～60 年代人工营造的侧柏林，其他部位均为散乱的采石宕口，无植被分布。山体西部为三八河、房亭河交汇三角区（金龙湖），地表水资源条件好。

（2）景观环境质量

经过现场实地勘探，分析总结出环境治理对景观质量的影响因素见表 14-3。

金龙湖（东珠山）采石宕口景观质量影响因素分析表　　　　　　　表 14-3

序号	影响因素	频数	累计频数	频率（%）	累计频率（%）
1	岩体碎石覆盖，危崖累累	200	200	47.6	47.6
2	无土壤覆盖，不具备植物生长条件	160	360	38.1	85.7
3	宕口规模大，可借鉴经验不多	40	400	9.5	95.2
4	其他	20	420	4.8	100

从表 14-3 可以看出，岩体碎石覆盖、危崖累累且不具备植物生长条件累计频率达到 85.7%，是影响金龙湖（东珠山）采石宕口景观质量的最主要因素。

（3）地质安全性

根据现场调查，采石宕口中近 90% 的断岩坡度大于 60°（图 14-17）。根据边坡稳定性系数计算公式并参照《建筑边坡工程技术规范》GB 50330—2013，计算得出 90% 以上的废弃矿断岩稳定性系数小于 1.30，部分断岩上部有地表水渗入，加重重力侵蚀，易发生滑坡、崩塌等地质灾害。

图 14-17　治理前部分地貌

2. 主要技术与方法

（1）目标要因及对策

面对复杂的场地条件，施工单位组织多专业、多工种专业人员组成的攻关 QC 小组，并邀请地质结构专家、地质勘探专家、地质爆破专家等现场会诊，按照优良工程指标要求，针对技术关键问题，采用关联图分析法，经集体讨论，制订金龙湖（东珠山）采石宕口综合整治景观工程要因、目标及对策措施，见表 14-4。

要因及对策表　　　　　　　　　　　　　　　　　　　　　　　　　表 14-4

序号	要因	目标	对策	措施
1	过度开采山石	山体关键部位碎石层清理完成率达 90%	清除岩体碎石，改善地质环境	1. 人机结合； 2. 局部定向爆破清坡
2	现场无水源	通过引入金龙湖水源，形成东西宕口两处水潭	分析宕口周边环境，引入金龙湖水源	1. 制定连通线路； 2. 预埋连通管道
3	山体加固材料局限性大	完成山体岩层加固的同时，利于后续生态修复施工	选用经济型、生态型、易操作加固材料	1. 锚杆加固； 2. 少量混凝土配合浆砌片石填补； 3. 块石垒砌护坡
4	传统施工方法不利于山体生态	施工方法弱化人工痕迹，为后续工程提供生态空间	以山体生态效应为准绳，制定针对性施工方案	1. 挂网喷播； 2. 多采用原木结构
5	现场种植土资源匮乏	依照规划设计要求完成土方造型，覆土厚度满足大型乔木种植要求	组织调运土方，开展覆土工程	1. 严控土方质量，调配加入营养土成分； 2. 合理组织土方施工机械

（2）地质安全隐患消除

清除岩体碎石，改善地质环境。如图 14-18 所示，具体要求与做法如下：

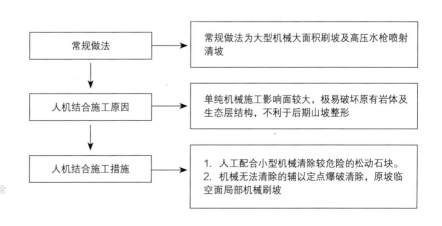

图 14-18　碎石清除方法

1）人工配合小型机械清除较危险的松动石块。

2）机械无法清除的辅以定点爆破清除，原坡临空面局部机械削坡。爆破请爆破专业队伍，结合现场调研，整合各项实测数据，依照规划设计要求制定爆破施工方案。

3）最大限度留景复绿，建筑、道路、景观设施合理避让有安全隐患的山体岩石，只对必要位置进行地质灾害整治，达到生态治理目的同时，降低造价。安全尺度：坡顶线与建筑水平距离不小于7m；坡脚线与人行步道水平距离不小于5m；坡脚线与水中栈桥、水中平台水平距离不小于8m。

注意清除岩体碎石的重点在于必须勘测明了所需清理部分碎石层的覆盖厚度，在清理的过程中必须注意对周边岩石的保护。

虽然较之大型机械清坡而言，人机结合施工周期有所加长，但清坡效果显著，碎石清除率达到90%，清除后岩层坡型较好，周边岩石形态得到充分体现，清坡施工过程安全系数增加，也降低了大型机械施工的废气污染，达到绿色施工要求。

选用经济型、生态型、易操作的材料对山体进行加固，如图14-19、图14-20所示，具体要求与做法如下：

1）针对断岩稳定性较差，对结构面较成型的岩石采用锚杆加固处理，锚杆用直径25mm的HRB400制作，锚杆深度深入岩层稳固层且不小于1.5m。

2）对坡面形成的较多石缝，为护坡加固且防止雨水冲刷，选用浆砌片石配少量的细石混凝土填补。片石选自然级配，施工中严控漏浆。

3）对经清坡后出现的较陡坡面，以原山体采集块石垒砌护坡。块石堆砌自然，融入山体。

采用原有山体岩石固坡，节省了大量的人工和材料，绿色治山，人工痕迹不明显，为山体原生态复原营造了较大的空间。

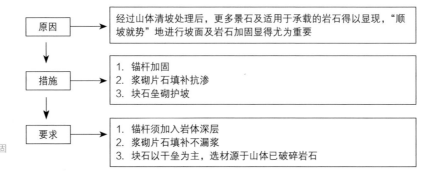

图14-19　山体加固方法

图 14-20　地质安全
隐患消除施工

（3）生态与景观重建

1）总体思路。金龙湖（东珠山）采石宕口生态与景观重建以"技术可行性、经济合理性"为原则，依形就势，因材施用，在地形设计中充分考虑宕口岩壁、宕底水塘的走向、分布、规模等采矿遗迹因素，优先选定需要保留、展示的区域，根据地形地貌做相应的景观设计。园内包含健康自行车道 800m，一、二级园路 3000m，上山木栈道 550m；山体北部主要布置"两潭、两岛、一谷、一云梯"等主体景观，并建立连续的东西向景观走廊，通过木栈道、云梯等元素将山顶、宕底、岩壁的各个景点链接起来，将原有的宕口奇峰异石与设计的景观节点之间的完美结合；山体南部在东侧沿城市界面建立城市生活景观廊道，以满足市民休闲娱乐及城市展示等综合功能需求；在西侧沿城市界面依据地势完善雨洪管理，建立雨水花园（微型湿地景观），增加区域内物种多样性，丰富景观体验；山体未被开采区布置市民山体休闲活动空间；在采空区建设彩蝶花谷、静星湖、星河瀑、朗星湖以及箭竹林、赏星台、石矿科

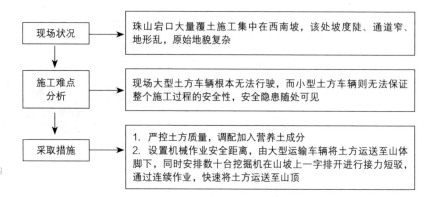

图 14-21　土壤重构方法

普展示园等景观节点。最终形成山水一体，植被茂密的山体景观效果，成功打造出一个"显山漏水、山清水秀"的金龙湖（东珠山）采石宕口公园，为游客提供生态的、连续的、丰富的景观体验。

2）土壤重构，如图 14-21 所示，具体要求与做法如下：

①利用矿区残留废弃石渣作陡坡体与底面间的堆填体，堆筑与原山体环境相协调的地形，在此基础上均匀覆盖一定厚度优质土壤作为种植土壤。

②严控覆土质量，调配加入营养土成分。保证种植土是园土，且富含有机质，团粒结构完好、具有良好的通气、透水和保肥能力，pH6～7，干密度≤ 1.2g/cm³，土中不得混入垃圾、石头等，保证种植土的整体成分与结构的一致。覆土厚度≥ 150cm，同时对覆土适当碾压并及时取样试验，满足设计要求的密实度。

③部分高陡坡区采取控制等高墙的高度恢复山体，不仅大大减少土方量，而且这种梯田式的结构能使修复的山体和原有山体紧密结合，并且等高线修复墙自身也形成了一种大气优美的景观肌理和山体融为一体。

④设置机械作业安全距离，由大型运输车辆将土方运送至山体脚下，同时安排多台挖掘机在山坡上一字排开进行接力短驳，通过连续作业，快速将土方运送至山顶。

3）挂网喷播，如图 14-22 所示，具体要求与做法如下：

①坡度较大、风化严重、但不会崩塌的坡面部分，采取挂网喷播草、树种子的方法，依靠植物根系的生长来稳定山体。对过于陡峭的坡面进行削坡处理，必要时可采用小范围的点状爆破，以满足喷播挂网复绿的需要。

②布置镀锌网挂网喷播时、镀锌网在铺网的坡顶须延伸 100cm 左右

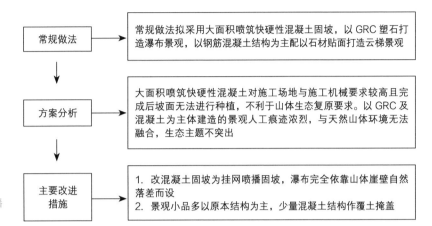

图 14-22 挂网喷播
方法

开沟，并用桩钉固定后回填，坡顶固定好后自上而下铺设。镀锌网左右两片之间搭接宽度不小于 10cm，坡顶及搭接处用主锚固定，其中坡顶布置一行主锚。锚钉横向间距 50cm，坡面铁网搭接处布置一排，间距100cm，坡面总体每平米不少于 5 个锚钉，锚钉梅花形布置。对于个别平顺的坡面须增设锚钉，目的是保证铁网更合理地贴近坡面；但网面与坡面之间需留不小于 2cm 的空隙。最后，网与岩面的空隙间填入含有当地植物根系和易萌发的植物块根的种植土，有利于当地植被的侵入，促使种植土中的当地植被的种子、块根和根茎的再生发芽和萌生，但覆土不超过网面。喷混合植生土是岩石坡面上植被生长发育的首要条件。

③坡面上已经长成的树木和野草，适应当地条件，且已初步形成景观，应尽量保留，不予破坏。喷播时，在树、草生长较为稀疏之处补加喷播树、草种子，使之生长茂盛，快速形成理想的景观。

4）沟通水系，如图 14-23 所示，具体做法是：选取金龙湖至采石宕口西宕底水潭最经济路径，埋设 $DN1000$ 混凝土管加 $DN600×2$ 双臂波纹管进行联通。

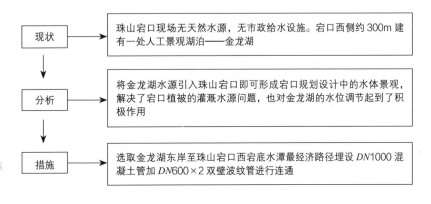

图 14-23 沟通水系
方法

5）就地取材，生态环保，节约成本。利用废弃石渣砌作宕口底面的排水沟基础，铺设宕口内景观道路、踏步等，做到生态再造景观。保留原有采矿的设施、设备，并在旁边设置艺术性标牌，对其历史和作用用简洁的文字说明，让后人了解矿山的过去，产生时空对话。用绿化及景观小品相结合的方法，对这些设施与设备加以艺术修饰，使之成为既有历史意义、又有艺术观赏性的新景观。

6）主要景观节点构建。金龙湖（东珠山）采石宕口公园有入口广场、两潭两岛、宕口瀑布、观止、云梯、彩虹桥、朗星湖、石林听涛、唱竹揽翠、彩径观花、秀谷韵乐、城市生活广场等。入口广场采用生态、内敛的入口形式，以自然简约的4片景墙及树形优美的大树，各种层次的灌木球及灌木色带，色彩丰富的四季草花，把游人的视觉引入宕口公园内。两潭两岛位于北片区宕口群的最低处，是全园整个规划设计中最先确立的景观节点和地形地貌整理的基点。金龙湖水引入后，在宕底东西各形成一潭，形如日、月相照。结合两潭形状，在月潭中设立半月状半岛，在日潭中设立朝日状离岛，由此形成"两岛"景观。两潭两岛周边道路串联廊、榭、平台等公园小品，既丰富了宕口游园的野趣，也展现出宕口改造后景观特色。宕口瀑布利用宕口内最大的向外凸出的垂壁区，设计成一级挂落、二级流淌的组合式瀑布，使裸露的宕面变成流动的水墙，涛声阵阵，增添了无限生机。观止是上山入口一处绿树掩映的小山门，有机地融入了宕口公园的环境，建筑形式相对简洁。石雕山门上书"观止"二字，出自《左传》中"观止矣！若有他乐，吾不敢请已。"表达看到的景色好到极点，达到无以复加的程度。云梯位于宕口瀑布一侧，折线式的"云梯"依岩壁而走，掩映于高矮不同的树木丛中，游人拾级而上直达山顶，既保护生态复绿效果又增加游客的游园野趣，亦保证登梯的同时驻足观景。彩虹桥高悬北坡宕口峡谷顶部，设置"彩虹桥"链接两侧山体景点。晴日阳光照射峡谷，彩虹高挂空中，一侧瀑布倾流而下，美不胜收，如置仙境。朗星湖位于南坡宕口区，为观赏性景观水系亦是雨洪管理系统。在东侧宕口区设置雨水收集池，梳理现有竖向高程，通过场地竖向设计，并结合台地种植设计，在台地中布置错落的湿生植物种植塘，延长水体流经的路线来净化山体径流，然后跌落到雨水收集池中，进一步净化水体。石林听涛以蜿蜒的木质的"锦带"小路，徜徉其中，园中造型植物，并以景观石及色彩丰富的灌木，穿插园路，给游人带来不一样的景观体验感官，游人走走停停，赏园赏美景，远借珠山之景，一园尽收两家春色。唱竹揽翠汲取竹在中国传统文化中的多和含义，如高洁、君子、气节、平安等，园中遍植竹子，形成竹主题园。丛植竹林，可揽丛林之翠绿，也可听竹叶沙沙，满园的生机勃勃。园中以粉墙黛色衬托竹之青翠挺拔，为竹林添了诗情画意，以景墙框景，框进的是画，露出的是诗。彩径观花以柔软的曲线勾勒道路和草地，极尽花之细腻。花径与小路在大地自然地流淌，步移景异，五彩缤纷。四季草花颜色绚丽，石材铺装简单古朴，交相掩映，体现四季变换。秀谷韵乐在平坦的地面方便游客出行活动，周边的特色景墙进行了蜿蜒高低处理，增加景观层次的基础上亦是孩子玩耍锻炼的绝佳场地，体现谷地风情的同时可作为坐凳或游步道，生动活泼。墙内穿插着特色景观芦苇灯，给黑夜中的增加一抹趣味及亮色。城市生活广场既是城市滨水空间，也是城市文化生活广场，是湖光山色的休憩广场。可观景休闲，可运动健身，合理利用滨水空间，为市民提供休闲娱乐场所（图 14-24～图 14-27）。

（4）植物配置

基本原则。按照生态演替规律和场地的自然条件，先选择本地乡土植物组成生态林和植物地被，建成容易生长，生长速度优越的植物群落，

图 14-24 公园入口
图 14-25 两潭两岛
图 14-26 瀑布
图 14-27 彩虹桥

以改善场地现有的植被状况，还原被破坏的生态环境。依据滨水基本景观结构配置湿生植被，选择乡土、自然的植物种类，塑造和维护公园植物配置的自然、淳朴风格，从植物群落自身而产生的环境梯度变化角度增加场地内植物生境的多样性。

1）选择能够有效净化空气、抗污吸污，改善环境，利用植物的有益分泌物质和挥发物质，达到增强人体健康、防病治病的目的。

2）遵从"互惠共生"原理，协调植物之间的关系，使构建的植物群落长期共同生活在一起，彼此相互依存。

3）植物选择无刺、无毒、无害，避免对身心健康造成伤害的种类。

4）植物选择季相搭配，注意"三季有花，四季常绿，突出夏秋季景观"的原则，力求生态效益与观赏价值兼顾。

5）注重植物的常绿落叶搭配，乔木、灌木、草、地被植物搭配，创造居次丰富的植物景观。

6）林草地粗放式自然生长，湿地植物沿河蜿蜒种植，自然过渡到水体，水生植物成片自然生长。

（5）植物群落结构

1）城市公园类型植物主题

关键词：城市化的、规划有秩序的。植物品种：乔木层：香樟、广玉兰、桂花、银杏、三角枫、榉树、朴树。小乔木层：紫玉兰、西府海棠、榆叶梅、木本绣球、石榴、枇杷。地被层：金边黄杨、海桐、金叶女贞、红花檵木、紫叶小檗、金边扶芳藤、黑麦草、羽衣甘蓝。

2）山林恢复型植物主题

关键词：自然的、疏密有致的、体现山林特色的。植物品种：乔木层：白皮松、黑松、雪松、樟叶槭、椤木石楠、栾树、榔榆、三角枫、刚竹。小乔林层：山棉纱花、锦带花、桃、杏、李、橘、杨梅、卫矛、黄栌。地被层：铺地柏、南天竹、金丝桃、菲白竹、箬竹、金边扶芳藤、花叶络石、常春藤、藤本月季、野蔷薇。

3）湿生湿地型植物主题

关键词：水生或湿生的，具有活力的。植物品种：乔木层：水杉、池杉、香樟、桂花、枫杨、国槐、三角枫。小乔木层：紫玉兰、西府海棠、锦带花。地被层：鸢尾、慈菇、芦苇、香薄、再力花、水葱、黄菖蒲、睡莲。

4）花卉带型植物主题

关键词：色彩丰富的、使人陶醉的、具有野趣的。植物品种：美人蕉、萱草、金线菊、牵牛、石竹、虞美人、石蒜、雏菊、鸢尾、羽衣甘蓝。

5）水生植物群落的营造，以茭白群丛、芦苇群丛、莲群丛、喜旱莲子草群丛、紫萍群丛、浮萍群丛、菱群丛为基础，适当增加和引得间具观赏性和生态功能的香蒲群丛、千屈菜、黄菖蒲、水芹、再力花、石草蒲、美人蕉等挺水类群，适当增加萍蓬草、穗花狐尾藻等沉水植物。

3. 修复治理的效果

通过对徐州市金龙湖宕口公园生态效益 8 项 14 个功能指标的监测和评估，生态修复后徐州市金龙湖宕口公园生态服务功能总价值为 705.25 万元 /a，其中生物多样性保护价值 78 万元 /a，涵养水源 157.78 万元 /a，保育土壤价值 89.73 万元 /a，固碳释氧价值 151.84 万元 /a，积累营养物质价值 10.75 万元 /a，净化大气环境价值 162.96 万元 /a，森林防护 26.09 万元 /a，森林游憩 28.1 万元 /a。

（1）生物多样性

1）植物多样性。金龙湖宕口公园共有植物 69 科，132 属，181 种（含变种），其中乔木 70 种，灌木 63 种，草本植物 28 种，水生植物 12 种，竹类 6 种，藤本 3 种（表 14-5）。从各种植物类型所占比例来看，金龙湖景区乔灌木相差不大，乔木种类较少，灌木尤其是常绿灌木较多。木本植物中常绿树种的比例约为 38%，高于 23%（苏北地区常绿树种的比例）。乔木中常绿落叶比为 1 : 3.7，灌木中为 1 : 0.9，树种比例较为合理。草本、木本植物种类比例为 1 : 3。金龙湖宕口公园设计栽植了较多种类的草本植物，部分为水生植物，部分为草坪植物，地上草本植物种类较少，水生主要以挺水植物、浮叶植物为主。

金龙湖宕口公园植物种类构成 | | | | 表 14-5

植物类型	科	属	种	种占总种数的比例（%）
乔木	28	50	67	37.02
灌木	24	43	62	34.25
草本植物	17	29	31	17.13
水生植物	8	9	12	6.63
竹类	1	5	6	2.83
藤本	2	2	3	1.66

2）动物多样性。金龙湖宕口公园共有野生脊椎动物 144 种，隶属于 23 目 63 科（表 14-6）。动物中鸟类种类最多，共 13 目 37 科 90 种，占动物总种数的 62.5%；其次为哺乳动物，有 5 目 11 科 19 种；鱼类为 3 目 6 科的 12 个种；爬行动物 16 种；两栖动物较少，1 目 4 科 7 种，占总数的 4.9%。

金龙湖宕口公园动物种类构成 　　　　　　　　　　　　　　　　　　表 14-6

动物类型	目	科	种	种占总种数的比例（%）
鸟类	13	37	90	62.5
鱼类	3	6	12	8.3
两栖动物	1	4	7	4.9
爬行动物	1	5	16	11.1
哺乳类动物	5	11	19	13.2

（2）生态修复价值评估

1）生物多样性价值。金龙湖宕口公园森林生态系统的 Shannon-Wiener 指数为 3.1，对应的单位面积物种保育价值为 20000 元 /（$hm^2 \cdot a$）。根据公式，计算出金龙湖宕口公园生态系统生物多样性价值为生物多样性价值 78 万元 /a，单位面积森林生态系统的生物多样性价值为 2 万元 /（$hm^2 \cdot a$）（表 14-7）。

金龙湖宕口公园生物多样性价值 　　　　　　　　　　　　　　　　　表 14-7

项目	幼龄林	中龄林	近熟林	合计
林分面积（hm^2）	10.61	20.67	2.72	34
物种保育价值（万元 /a）	21.22	41.34	5.44	78

2）涵养水源。根据中国气象科学数据共享服务网获取的气象数据，可以求得到徐州市近 15 年的年平均降水量；根据前人研究成果，我国各类型森林的平均蒸散量占总降水量的 30%~80%，本项目采用《中国森林环境资源价值评价》中 70% 的平均蒸散系数，计算得出林分蒸散量；在遭遇大暴雨时，某些特殊地形地貌的林地会产生一定的地表径流，但从区域尺度和年尺度来看，地表径流量非常小，因此本项目忽略了地表

径流量；水库单位库容造价为 13.71 元 /m³，居民用水价格取值为 4.51 元 /m³。根据公式，计算出金龙湖宕口公园涵养水源量及其价值。其中园涵养水源量为 86598m³/a，涵养水源价值 157.78 万元 /a，其中调节水量价值 118.73 万元 /a，净化水质价值 39.06 万元 /a，调节水量与净化水质的价值分别占涵养水源价值的比例为 75.25% 和 24.75%，单位面积森林生态系统涵养水源价值量为 4.64 万元 /（hm²·a）（表 14-8）。

金龙湖宕口公园涵养水源量及其价值 表 14-8

项目	幼龄林	中龄林	近熟林	合计
林分面积（hm²）	10.61	20.67	2.72	34
年平均降水量（mm）	849	849	849	849
林分蒸散量（mm）	594.3	594.3	594.3	594.3
涵养水源量（m³）	27023.67	52646.49	6927.84	86598
调节水量价值（万元 /a）	37.05	72.18	9.50	118.73
净化水质价值（万元 /a）	12.19	23.74	3.12	39.06
涵养水源总价值（万元 /a）	49.24	95.92	12.62	157.78

3）保育土壤。根据江苏省森林生态定位站多年监测数据及相关研究成果得出无林地土壤平均侵蚀模数为 382t/（hm²·a），有林地的土壤平均侵蚀模数为 213t/（hm²·a），林地土壤平均密度为 1.3t/m³，单位体积土方的挖取费用为 25.5 元 /m³。根据公式，计算出金龙湖宕口公园植被固持土壤量及其价值见表 14-9。

金龙湖宕口公园固土量及其价值 表 14-9

项目	幼龄林	中龄林	近熟林	合计
林分面积（hm²）	10.61	20.67	2.72	34
固土量（t/a）	1379.3	2687.1	353.6	4420
固土价值（万元 /a）	3.52	6.85	0.90	11.27

经取样测定，徐州市森林区域表层土壤全氮平均含量为 0.062%，全磷平均含量为 0.075%，全钾平均含量为 1.86%，有机质平均含量为 0.85%；根据化肥产品的说明，磷酸二铵化肥的含氮量和含磷量分别为

14%、15.01%，氯化钾化肥的含钾量为50%；根据农业部中国农业信息网站，磷酸二铵化肥的价格为3000元/t，氯化钾化肥的价格为2700元/t，有机质价格为920元/t。根据公式，计算出金龙湖宕口公园保肥量（减少N、P、K流失量）及其价值（表14-10）。

金龙湖宕口公园植被保育土壤价值为植被固土价值与植被保肥价值之和，得出金龙湖宕口公园保育土壤价值（表14-11），徐州市金龙湖宕口公园保育土壤价值89.73万元/a，其中植被固土价值11.27万元/a，植被保肥价值78.46万元/a，植被固土与植被保肥的价值分别占保育土壤价值的比例为12.56%和87.44%。单位面积植被生态系统保育土壤价值为2.64万元/（hm²·a）。

金龙湖宕口公园保肥量及其价值　　　　　　　　　　　　　　　　　　　　　表14-10

项目	幼龄林	中龄林	近熟林	合计
林分面积（hm²）	10.61	20.67	2.72	34
减少N流失量（t/a）	1.1	2.17	0.29	3.56
减少N流失价值（万元/a）	2.38	4.64	0.61	7.63
减少P流失量（t/a）	1.35	2.62	0.34	4.31
减少P流失价值（元/a）	2.69	5.24	0.69	8.62
减少K流失量（t/a）	33.35	64.97	8.55	106.87
减少K流失价值（万元/a）	18.01	35.09	4.62	57.72
减少有机质流失量（t/a）	15.24	29.69	3.91	48.84
减少有机质流失价值（万元/a）	1.4	2.73	0.36	4.49
森林保肥价值（万元/a）	24.48	47.7	6.28	78.46

金龙湖宕口公园保育土壤价值　　　　　　　　　　　　　　　　　　　　　　表14-11

项目	幼龄林	中龄林	近熟林	合计
林分面积（hm²）	10.61	20.67	2.72	34
森林固土价值（万元/a）	3.52	6.85	0.90	11.27
森林保肥价值（万元/a）	24.48	47.70	6.28	78.46
森林保育土壤价值（万元/a）	28.00	54.55	7.18	89.73

4）固碳释氧。根据文献资料，徐州市金龙湖宕口公园的植被净生产力取中国暖温带植被年均单位面积净生产力的平均值14.5t/（hm²·a）；根据瑞典碳税率，每吨碳150美元，折合成人民币为1038.7元；氧气的

价格为 2200 元 /t。根据公式，计算出金龙湖宕口公园固碳释氧实物量及其价值（表 14-12）。其中固定碳量为 219.13t/a，固定碳价值 22.76 万元 /a，释放氧气量 586.67t/a，释放氧气价值 129.08 万元 /a，固碳释氧价值合计为 151.84 万元 /a，单位面积植被生态系统固碳释氧价值量为 4.47 万元 /（hm^2·a）。

金龙湖宕口公园固碳释氧实物量及其价值 表 14-12

项目	幼龄林	中龄林	近熟林	合计
林分面积（hm^2）	10.61	20.67	2.72	34
固碳量（t/a）	68.38	133.22	17.53	219.13
固碳价值（万元 /a）	7.1	13.84	1.82	22.76
释氧量（t/a）	183.08	356.66	46.93	586.67
释氧价值（万元 /a）	40.28	78.47	10.33	129.08
固碳释氧价值（万元 /a）	47.38	92.31	12.15	151.84

5）积累有机物质。根据文献资料，徐州市金龙湖宕口公园的植被净生产力取中国暖温带植被年均单位面积净生产力的平均值 14.5t/（hm^2·a），不同林分森林林木的 N、P、K 平均含量分别为 0.826%、0.035%、0.633%；根据化肥产品的说明，磷酸二铵化肥的含氮量和含磷量分别为 14%、15.01%，氯化钾化肥的含钾量为 50%；农业部中国农业信息网站公布数据显示，磷酸二铵化肥的价格为 3000 元 /t，氯化钾化肥的价格为 2700 元 /t。根据评价公式，计算出金龙湖宕口公园森林生态系统积累营养物质实物量，氮 4.08t/a，磷 0.16t/a，钾 3.12t/a，积累营养物质价值 10.75 万元 /a，单位面积植被积累营养物质价值量为 0.32 万元 /（hm^2·a）（表 14-13）。

金龙湖宕口公园林林木营养物质积累实物量及其价值 表 14-13

项目	幼龄林	中龄林	近熟林	合计
林分面积（hm^2）	10.61	20.67	2.72	34
积累 N 量（t/a）	1.27	2.48	0.33	4.08
积累 N 价值（万元 /a）	2.72	5.3	0.7	8.72
积累 P 量（t/a）	0.05	01	0.01	0.16
积累 P 价值（万元 /a）	0.11	0.21	0.03	0.35

续表

项目	幼龄林	中龄林	近熟林	合计
积累 K 量（t/a）	0.97	1.9	0.25	3.12
积累 K 价值（万元 /a）	0.53	1.02	0.13	1.68
积累营养物质价值（万元 /a）	3.36	6.53	0.86	10.75

6）净化大气环境。根据《中国生物多样性国情研究报告》，阔叶林对 SO_2 的吸收能力为 88.65kg/（$hm^2 \cdot a$），针叶林的吸收能力为 215.60kg/（$hm^2 \cdot a$），取平均值为 152.13kg/（$hm^2 \cdot a$）；阔叶林的滞尘能力为 10.11t/（$hm^2 \cdot a$），针叶林的滞尘能力为 33.2t/（$hm^2 \cdot a$），取平均值为 21.66t/（$hm^2 \cdot a$）；森林对氟化物的吸收能力为 2.57kg/（$hm^2 \cdot a$）；森林对氮氧化物的吸收能力为 6.00kg/（$hm^2 \cdot a$）；森林空气中的负氧离子平均密度取 1680 个 /cm^3，林分平均高度为 7m；30m 宽的乔灌木树冠覆盖的道路可降低噪音 6~8 dB，乔、灌、草结合的多层次的 40m 宽的绿地能降低噪音 10~15dB，按照最新国家排污费征收标准及说明等，结合徐州市目前经济水平及各指标的市场价格，取二氧化硫的治理为 2.73 元 /kg；氟化物的治理费用为 2.69 元 /kg；氮氧化物的治理费用为 1.63 元 /kg；降尘的清理费用为 2.15 元 /kg；负离子生产价格为 10.69 元 /（108 个）；按郎奎建支付愿意法得到森林减少噪音价值为 5 元 /dB·m。根据评价公式，计算出金龙湖宕口公园生态系统净化大气环境的各项功能量及其价值分别为：吸收污染物价值 14688.28 元 /a，滞尘价值 158.33 万元 /a，提供负氧离子价值 931.68 元 /a，降低噪音价值 3.06 万元 /a，净化大气环境总价值 162.96 万元 /a，单位面积森林生态系统净化大气环境价值量为 4.79 万元 /（$hm^2 \cdot a$）（表 14-14）。

金龙湖宕口公园净化大气环境实物量及其价值　　　　　　　　　　表 14-14

项目	幼龄林	中龄林	近熟林	合计
林分面积（hm^2）	10.61	20.67	2.72	34
吸收 SO_2 量（kg/a）	1614.10	3144.53	413.79	5172.42
吸收 SO_2 价值（元 /a）	4406.49	8584.56	1129.66	14120.71
吸收氟化物量（kg/a）	27.27	53.12	6.99	87.38
吸收氟化物价值（元 /a）	73.35	142.90	18.80	235.05
吸收氮氧化物量（kg/a）	63.66	124.02	16.32	204.00

续表

项目	幼龄林	中龄林	近熟林	合计
吸收氮氧化物价值（元/a）	103.77	202.15	26.60	332.52
滞尘量（t/a）	229.81	447.71	58.92	736.44
滞尘价值（万元/a）	49.40	96.26	12.67	158.33
提供负氧离子量（10^{18} 个/a）	9.09	17.71	2.33	29.13
提供负氧离子价值（元/a）	290.74	566.41	74.53	931.68
降低噪音价值（元/a）	9549	18603	2448	30600
森林净化大气总价值（万元/a）	50.85	99.07	13.04	162.96

7）植被防护。植被防护的实物量折算为牧草产量，牧草价格采用 1.3 元/kg，计算出金龙湖宕口公园植被防护价值，植被防护总价值 26.09 万元/a，平均单位面积植被防护价值 0.77 万元/（$hm^2 \cdot a$）（表 14-15）。

金龙湖宕口公园植被防护价值 表 14-15

项目	幼龄林	中龄林	近熟林	合计
林分面积（hm^2）	10.61	20.67	2.72	34
森林防护实物量（kg/（$hm^2 \cdot a$））	5870	5890	6110	17870
森林防护价值（万元/$hm^2 \cdot a$）	8.10	15.83	2.16	26.09

8）美景度与游憩价值。根据参与者对金龙湖宕口公园内不同林分类型景观效果的评分结果，从 30 种植物群落中筛选出得分较高的 6 组植物群落景观，依次为广玉兰石南红枫阔叶混交林 > 侧柏红枫混交林 > 紫薇广玉兰阔叶混交林 > 银杏红枫阔叶混交林 > 侧柏纯林 > 广玉兰阔叶纯林，其 SBE 值分别为 82.53、78.67、72.23、69.51、66.27、65.67（图 14-28）。其中广玉兰石楠红枫阔叶混交林的美景度评价值最高，主要是由于该群落乔木层高低错落，色彩丰富，对比鲜明，且林下灌木层种类较多，树形优美，与乔木层搭配显得层次分明、错落有致，故景观质量最好。侧柏纯林与广玉兰阔叶纯林分值较低，因为纯林林内色彩较为单调，且树形一致、无层次感，林下灌木种类较少，但相同的树种造型可以带给人一定的律动之感，且树形庞大饱满，故也在总体评分较好的范围之内。

图 14-28 金龙湖宕口公园不同植物群落美景度

本研究在典型样地调查法的基础上，采用旅行费用法对金龙湖宕口公园的旅游总收入及森林景观状况进行了分析，得出金龙湖宕口公园单位面积平均旅游价值为 8262 元 /（ $hm^2 \cdot a$ ）。根据金龙湖宕口公园的面积 $34hm^2$ ，计算得出其森林游憩价值（表 14-16）。

因此，金龙湖宕口公园的森林游憩价值为 28.10 万元 /a，单位面积森林游憩价值量为 0.83 万元 /a。

金龙湖宕口公园生态游憩价值   表 14-16

项目	幼龄林	中龄林	近熟林	合计
林分面积（ hm^2 ）	10.61	20.67	2.72	34
森林游憩价值（万元 /a ）	8.77	17.08	2.25	28.10

（3）排水沟整理

山体生态修复初期解决雨洪排水问题、防止水土流失是关键。采取在挡土墙内预留排水孔，使天然降水可以顺利排出。在挡土墙外侧利用自然山石和泥土堆砌集水沟，挡土墙内侧通过植被进行绿化，固定水土。在不同挡土墙之间顺应地势修建排水沟，引导集水沟内的水流以及场地内降水，最后将水流汇入自然水面。

现场施工图如图 14-29、图 14-30 所示。

图 14-29　现场施工图
（一）

图 14-30　现场施工图
（二）

（4）陡坡生态修复

1）平面绿化遮挡技术

采取乔灌木遮挡措施。种植前可经过选点计算，沿山体破损面最高可视线以下，在坡前一定距离内种植乔灌木予以遮挡。技术介绍参见表 14-17。

技术介绍　　　　　　　　　　　　　　　　　　　　　　　　　　　表 14-17

适用范围	主要材料	特点
小于 3m 高差的陡坡，山体难以靠近或山前难以作业	回填种植土、树木	长久可靠，生态美观
结构示意图		

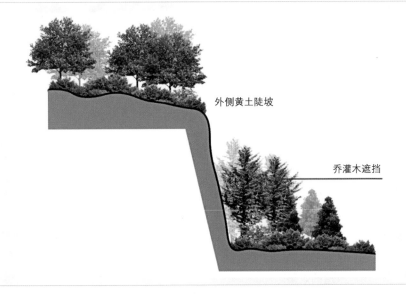

外侧黄土陡坡

乔灌木遮挡

2）台阶式改造及生态修复技术

大于 3m 高差的陡坡，采取台阶式土方改造及绿化种植措施。坡顶和坡脚采用设计雨水沟渠，分流雨水；坡脚采用废弃砖石填筑石笼拦挡，加固坡面。技术介绍参见表 14-18。

技术介绍   表 14-18

适用范围	主要材料	特点
大于 3m 高差的陡坡，坡下空间较为充足	回填土、叠石挡土墙、树木	长久可靠，生态美观，利用恢复原有山形风貌；需要一定的土方运输和挡墙加固工程
结构示意图		

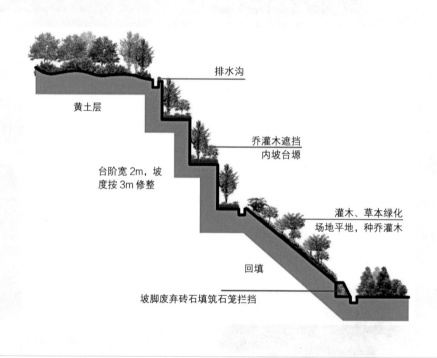

3）高次团粒喷播技术

采用经特殊生产工艺制成的客土材料，加入植物种子，采用喷播、机械作业的方式制成最适于植物生长的土壤培养基。技术介绍参见表 14-19。

首先，对坡面清理并人工排险，利用锚网固定喷浆；然后，将含有种子及保水剂等混合成的材料喷播其上，已达到对破损岩面快速生态化改造的效果。

技术介绍

表 14-19

适用范围	主要材料	特点
破损山体岩石和土质坡面	植生毯、金属网、锚固件、高次团粒	施工速度快,抗风蚀、雨水冲刷能力强。喷播后无需覆盖物,有利于培育木本植物

结构示意图

4)台地续坡技术

利用大小、形态各异的自然山石作为挡土构件,由于山石本身的重力,来围挡山坡土体的措施。技术介绍参见表 14-20。

技术介绍　　　　　　　　　　　　　　　　　　　　　　　　　　　　　表 14-20

适用范围	主要材料	特点
各类边坡和多种坡度，多适合于土质边坡或碎石及弃石边坡的破损山体	假山石、绿化苗木	灵活多变，简单稳固，利于保护原有自然风貌，节约成本
结构示意图		

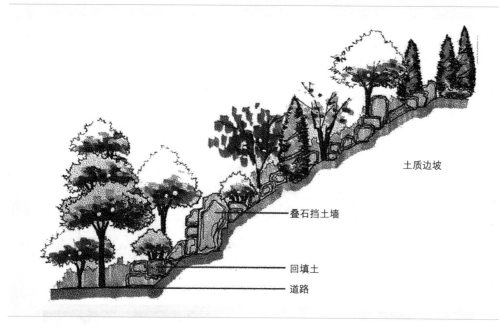

土质边坡

叠石挡土墙

回填土

道路

5）其他生态技术（表 14-21）

技术介绍　　　　　　　　　　　　　　　　　　　　　　　　　　　　　表 14-21

方法名称	方法说明	适用范围	主要材料	特点
挂网喷播	采用挂网，再将草种、纤维质、营养基质、保水剂等物质混合后，高压喷植	弱化的岩石地区，坡度大于 70° 以上，土壤和营养成分极少（或大面积土质砂土类边坡和混合山体边坡）	铁丝网、土工格、固钉、草坪（同普通喷播）、粘合剂、营养液及泥炭水	施工技术相对较难，工程量较大；解决了普通绿化达不到的施工工艺效果；不受地质条件限制
GRC 板塑假山	将抗玻璃纤维加入到低碱水泥砂浆中硬化后，脱模产生的高强度复合"石块"。根据山形、体量和其他条件进行基架设置，铺设铁丝网，挂水泥砂浆面层雕塑，根据石色需要刷或喷涂非水溶性颜色	范围广泛	钢型材、钢网、塑石假山专用水泥、白水泥、表面保护剂、颜料	重量轻、强度高、抗老化、耐水湿；易于山体崖壁的垂直运输；安全风险小，施工简单，成本低

续表

方法名称	方法说明	适用范围	主要材料	特点
爆破燕窝覆绿	采用爆破、开凿等方法在石壁上定点开挖一定规格的巢穴后，往巢穴中加入土壤、水分和肥料，最后种植合适的速生类植物。同时可利用石缝、不规则面，加客土等混合物，种植攀援性强的藤本植物	坡度大于 70° 以上的陡壁，微地形复杂的陡壁	客土混合物、藤本植物	灵活多变，因地制宜，见缝插针，可作为其他复绿方法的补充
山体石刻	在天然的石壁上摩刻的一种艺术形式	岩质山体		有利于提升地方人文魅力，形成标志性景观
岩面垂直绿化	在岩体的坑洼面种植攀援植物的容器苗，实现岩体、挡墙绿化修复	坡度较陡的裸露岩体	乡土攀援植物	有利于在岩土中部、上部种植攀援性植物，提高了绿化的覆盖面积
植物纤维毯技术	利用作物秸秆、椰丝等废弃材料加工而成的毯状物，将其敷设于地表，可抗水蚀、风蚀、固化地表、存储地表水分	含砂量大、高填方、粉沙土坡面	纤维网（聚丙烯）、天然植物纤维（如麦秸）、带草籽的营养土、营养纸（可降解膜）	可在早期降低砂性土边坡的风沙扬尘；可在早期提高砂性土边坡的抗雨水冲刷能力，防坍塌、渗水效果好；施工速度快捷、施工材料低碳、节能、环保

（5）林相改造

拖龙山现种的植被为侧柏纯林。为提高生物多样性、增加森林的稳定性，在生态修复中提出了逐步改造侧柏纯林林相的基本策略，将纯侧柏林逐步改造成地带性针阔混交林，具体改造方法如下：

1）选择适宜的混交树种。针对侧柏的强阳性、耐寒性等特性，选择刺槐、栓皮栎、臭椿、楝树、三角枫、黄连木等混交树种，达到树种间的共生互利。

2）选择适宜的混交类型。在立地条件较好的山脚坡地，采用侧柏、经济林果混交，既具有生态效益，又能产生经济效益；在一般立地，采用针、阔混交，利用阔叶树每年大量落叶回归土壤，有效地改善林地环境，促进林木健康生长；在较差立地，采用乔、灌木混交，如侧柏与胡枝子、紫穗槐等豆科植物混交，能有效固氮，保持水土，每年产生大量的枯枝落叶，能改善土壤，提高土地能力。

14.4　水体修复

14.4.1　修复措施

1. 退渔、退港还湖

2003 年以来，徐州市先后组织实施了云龙湖养殖场、徐州内港（九龙湖等）、丁万河港等退渔、退港还湖工程，建成了小南湖、九龙湖、劳武港、两河口公园和徐运新河、丁万河带状公园。

结合场地现状特征，对拟恢复地区进行规划设计，拆除范围内危旧房屋，对湖体进行清淤疏浚，根据规划设计方案扩大湖面面积，在此基础上进行湖体护砌，改善湖体水质，营造水生和陆生生态景观林，提升生态环境效益和社会服务效益（图 14-31）。

2. 水环境治理

长期的漕运和养殖业、工业对徐州市水环境造成了严重的影响，采用工程手段和生态手段相结合的方法对市区水环境进行综合治理。

对河道、湖体开展清淤疏浚。疏浚过程中，对两岸排污口进行封堵，将污水引入排污管网，保障河水水质。对水环境进行生态治理、植被恢复。选取抗性强、具有净化功能的水生植物，如苦草、金鱼藻、荇菜、凤眼莲、美人蕉、香根草、鸢尾等。结合不同水深条件进行搭配种植，发挥其对水体的生态净化功能，提升湿地景观效果（图 14-32）。

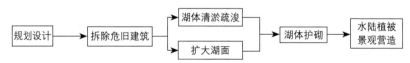

图 14-31　退渔、退港还湖技术路线示意图

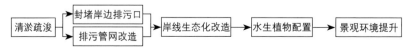

图 14-32　水环境治理技术路线示意图

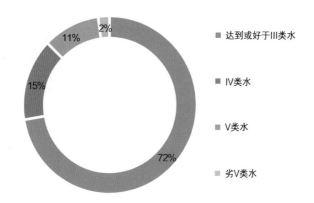

图 14-33 徐州市
2014 年水质监测断
面情况

2014 年，徐州境内主要地表水体（16 条河流、2 个湖泊）47 个评价断面中，达到地表水 II 类水质的 3 个（6.4%），达到 III 类水质的 31 个（占 66.0%），达到或优于 III 类水水质断面总数比 2006 年增加了 12 个。IV 类水质断面 7 个（占 14.9%），比 2006 年减少了 5 个。V 类水质断面 5 个（占 10.6%）。劣 V 类水质断面 1 个（占 2.1%），V 类加劣 V 类水质断面比 2006 年减少了 7 个（图 14-33）。

14.4.2　典型案例

潘安湖采煤塌陷地湿地公园地处徐州主城区与贾汪区之间，原为权台煤矿和旗山煤矿的采煤塌陷区，其景观营建工程以"湿地生态、科普教育、休闲度假、乡村观光共存、共融、共同发展的乡村湿地景观文化场所"为目标，通过 2 期建设，公园规模达到了 15.98km²，形成了集湿地自然生态景观和农耕、民俗文化特色景观于一体的特大型城市湿地公园。2017 年 12 月 12 日下午，中共中央总书记、国家主席习近平来到徐州贾汪区潘安湖神农码头，夸赞贾汪转型实践做得好，现在是"真旺"了。他强调，塌陷区要坚持走符合国情的转型发展之路，打造绿水青山，并把绿水青山变成金山银山。

1. 潘安湖采煤塌陷区的主要生态环境问题与治理过程

（1）潘安湖采煤塌陷区概况

潘安湖采煤塌陷区属旗山——权台矿区，地处徐州主城区与贾汪区之间，区域总面积约 53km²（图 14-34）。塌陷区内原有土地利用类型包括灌溉水田、旱地、果园、林地，农村道路、田坎、晒场、水利用

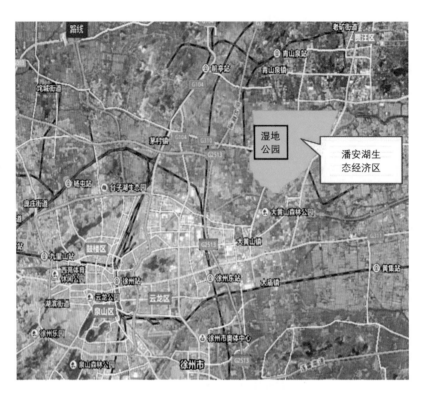

图 14-34　潘安湖采
煤塌陷区地理位置

地，农村居民点、建制镇，独立工矿用地，特殊用地以及河流水面、坑
塘水面、水工建筑用地，荒草地等。其中，坑塘水面在各地类中所占比
例最大，达到 53.52%，而且分布零散，水下地形复杂，大部分处于荒芜
状态。

　　（2）潘安湖采煤塌陷区的主要生态问题

　　潘安湖采煤塌陷区地处平原，潜水位高，开采深度和强度都较大，
各矿区均呈不规则和多次塌陷，造成的生态和景观问题，主要有以下
几点：

　　1）土地不均匀塌陷下沉，形成了众多分布不均的低洼地，原有地面
貌和农田、森林植被等生态系统被严重破坏，满目苍荒，景观质量极差
（图 14-35）。

　　2）在区域环境由陆地生态环境突变为水生生态环境的过程中，报废
矿井废水中含有的大量悬浮物和污染物质，导致地下水和土壤质量下降。

　　3）煤矸石等风化污染。选矿废弃的煤矸石以及粉煤灰在烈日暴晒作
用下，不仅产生细小颗粒和粉尘易受风扩散，造成扬尘污染；而且煤矸
石在烈日下还会释放大量的 SO_2 等有害气体；煤矸石的雨水淋溶物和粉

图 14-35　旗山—权
台矿区的采煤塌陷地

煤灰含有的铅、氟等重金属元素，还污染沟河、土壤和地下水。

（3）潘安湖采煤塌陷区治理策略

潘安湖采煤塌陷区治理采取生态修复、景观重建、文化再造"三位一体"策略，以采煤塌陷区生态修复为基础，在区域层面寻求生态环境与经济效益的共赢。通过生态整体性的实现和景观空间结构的完善，实现人与自然和谐共生的同时，创造出多样化的发展平台和途径，按照"宜农则农、宜水则水、宜游则游、宜生态则生态"的原则，形成了总面积 52.87km² 的"潘安湖生态经济区"，其中生态景观核心区（潘安湖采煤塌陷地湿地公园）15.98km²，实现由塌陷地到"城市绿肺""城市之肾"的华丽转变。

（4）治理的过程

2008 年开始，徐州市政府开始推进潘安采煤塌陷地综合整治项目，规划潘安湖生态经济区总面积 52.89km²，其中生态景观重建核心区即潘安湖采煤塌陷地湿地公园面积 15.98km²，生态控制面积 36.89km²。核心区范围东至徐贾快速路，南至观光铁路，北靠屯头河，分为北部生态休闲功能区、中部湿地景观区、西部民俗文化区、南部湿地酒店配套区、东侧生态保育及河道景观区五个部分。

潘安湖采煤塌陷地湿地公园 2010 年开始建设，2012 年 9 月一期竣工开园，2014 年 9 月，二期竣工投入使用。该项目总面积 7.5 平方公里，其中水域面积 7100 亩（其中湿地面积约 2000 亩），陆地面积 4100 亩。
湖中有主岛、鸟岛、枇杷岛、欢乐岛、潘安古村岛等 12 座岛屿、16 座
码头、36 座桥梁，环湖道路 20km、木栈道 15km、游步道 17km，环湖
市民广场 10 处约 3 万 m²。栽植乔木 19 万棵，以水杉、池山杉及本地榔
榆、国槐、银叶等树种为主，其他花灌木以当地石榴、梨树、桃树、木
瓜等果树为主，品种达 60 多个品种，灌木及地被 200 万 m² 50 多个品种，
水生植物 133 万 m² 约 30 多种，形成高、中、低植物搭配，疏密有致，
层次丰富的湿地公园景观绿化体系。

2. 生态修复技术条件分析

（1）自然条件

1）气候条件

贾汪区属湿润至半湿润季风气候区。区内年平均风速 3.0m/s。年平
均气温 14℃，年均降雨量为 802.4mm，年日照数 2280~2440 小时。自
然灾害现象主要有旱、涝、风、冰雹等，其中洪涝灾害尤为严重。

2）地形地貌

潘安湖采煤塌陷区属于贾汪潘安庵盆地，四周环山，东有大洞山，
南有峎山、庙山，西有小黄山、贾山，北有寨山、大山等。这些低小的
山丘平缓，最高山峰大洞山出仅 +360.9m，出露有寒武系和奥陶系厚层
石灰岩，并覆盖有微薄的风化堆积黏土层。之间为黄泛冲积形成的地表
平原区。潘安庵盆地地面两级标高 +30.0 ~ +33.0m。塌陷区为平原区，
最大坡度为 8°，海拔为 27 ~ 30m，地势西高东低，北高南低。

3）土壤条件

潘安湖采煤塌陷区土壤主要为淤土土属和潮土类黄潮土亚类二合土。
土壤耕作层平均厚度为 22cm，有机质含量 0.91%，磷含量 0.061%，氮
含量 0.067%，碱解氮 69.36ppm，土壤 pH 值 8.28。

4）水文条件

潘安庵盆地在地貌上表现为一完整的盆地，构成一个独立的水文地
质单元，是一个较为完整的自流盆地。塌陷区位于盆地东南部，北、东
和南部分别有屯头河、不牢河环绕，并与京杭大运河相连，通过闸门控
制不牢河水位（不牢河河底标高 +23m，正常水位 +27.4m）。区内最大
年降水量 1387.1mm（1963 年），最少年降水量 595.3mm（1953 年），
年最大变幅 544.8mm。历史最高洪水位 +30.44m。从水的补径排条件

看，也可作为一半封闭的水文地质区。

潘安湖采煤塌陷区地下水主要为松散岩类孔隙水、岩溶水、裂隙水。孔隙水单井涌水量 $100\sim1000m^3/$ 日，为农村居民的主要生产生活用水水源。

5）植被现状

潘安湖采煤塌陷地湿地生态修复之前的野生植被主要为草本植物，有小飞蓬、葎草、马兜铃、野豌豆、狗尾巴草、马齿苋、苍耳、乌蔹莓、萝藦、小蓟、多裂翅果菊（野莴苣）、节节草、铺地锦、牛筋草、铁苋草、苦麦菜、打碗花、一年蓬、牵牛花、莎草、藜、萹蓄、鸭跖草、旱莲草、无芒稗、马唐、鬼针草；水生植物主要有芦苇、香蒲、水葫芦、水花生、满江红、槐叶萍、看麦娘、浮萍、紫萍等。乔木主要为人工种植的杨树、柳树，其间有少量的野生果树等分布。

（2）地质与环境安全性

1）采煤工艺与地质灾害分析

潘安湖采煤塌陷地是由权台和旗山 2 个相邻煤矿开采形成的。两矿均始建于 20 世纪 50 年代，权台煤矿 2011 年 3 月份停产歇业，旗山煤矿 2016 年关井闭坑。

两矿均为井采型煤矿。矿井开拓方式为立井多水平开拓。矿井水平有—420m 水平、—585m 辅助水平和—700m 水平、—850m 水平，—1000m 水平为下山延伸水平。自投产以来，分别采用水采、炮采、普采、综采、综放等采煤工艺，开采后形成了大量采空工，各采空区或连接成片，或独立存在。由于岩浆岩入侵规模不大，断裂构造较发育，数十年不同方式的采掘活动，诱发的环境地质灾害有地表变形、移动和沉陷，并形成了大面积的塌陷区。据沉陷趋势预测，目前，主采区已基本达到沉稳。

2）环境污染分析

煤矸石化学成分较为复杂，其中能够对环境与人类健康造成不良影响元素有 S、Cl、F、As、Cr、Pb、Hg、Cd、Se、Mn、Ni、Cu、Zn、Sb、Co、Mo、Be、V、Ba、Ti、Th、U、Ag 等，这些污染物会在淋溶、冻融、风化等作用下，向周边土壤、水体等释放，从而造成环境污染。

潘安湖采煤塌陷区的环境污染，根据《江苏省科技支撑计划项目——徐州采煤塌陷区生物修复》（编号 BE2013625）研究，5 种立地类型的 Cd、Cu、Cr、Pb、Zn 平均单因子富集指数分别为 2.39、1.15、1.03、1 和 0.93，表明 5 种重金属中 Cd 中度富集，Cu、Cr 轻度富集，Pb、Zn 无富集，说明该区域土壤以 Cd 污染为主。平均综合污染指数为 1.94，说明该区域土壤总体表现为轻度富集。其中杨树 1 区、柳树、刺槐区、草本植物区综合富集指数分别为 2.47、2.14、2.02，属中度富集，其余 2 种属轻度富集。

与木本植物区相比，草本植物区域土壤中各重金属富集指数、富集指数平均值和综合富集指数基本都大于木本植物，在一定程度说明草本植物所在区域土壤重金属富集大于木本植物所在区域土壤。

同一立地，不同土层的重金属含量存在明显差异，基本表现为表层土壤综合富集指数大于中下层土壤。以杨树区 I 为例，表层、淋溶层、母质层的综合富集指数分别为 2.59、2.03、2.49，Cr 的富集指数分别为 1.09、1.04、1.08；Cu 的富集指数分别为 1.19、1.01、1.03；Zn 的富集指数分别为 1.21、0.92、1.01；Cd 的富集指数分别为 3.31、2.56、3.20；Pb 的富集指数分别为 1.08、0.99、1.04（表 14-22）。

潘安湖不同立地土壤重金属富集指数 表 14-22

立场类型	土层	重金属富集指数						综合富集指数 Pi
		Cr	Cu	Zn	Cd	Pb	均值	
杨树区 I	表层	1.09	1.19	1.21	3.31	1.08	1.57	2.59
	淋溶层	1.04	1.01	0.92	2.56	0.99	1.31	2.03
	母质层	1.08	1.03	1.01	3.20	1.04	1.47	2.49
	均值	1.07	1.08	1.05	3.02	1.04	1.45	2.37
杨树区 II	表层	1.03	1.09	0.86	1.72	1.20	1.18	1.48
	淋溶层	1.08	1.19	0.99	2.09	1.04	1.28	1.73
	母质层	1.08	1.06	0.87	1.71	0.92	1.13	1.45
	均值	1.06	1.11	0.90	1.85	1.05	1.2	1.55
椿树、构树区	表层	1.10	1.17	0.84	1.77	0.91	1.16	1.50
	淋溶层	0.94	1.11	0.82	1.94	0.90	1.14	1.59

续表

立场类型	土层	重金属富集指数						综合富集指数 Pi
		Cr	Cu	Zn	Cd	Pb	均值	
椿树、构树区	母质层	0.77	0.80	0.65	1.22	0.68	0.82	1.04
	均值	0.95	1.03	0.77	1.640	0.82	1.04	1.38
柳树刺槐区	表层	1.10	1.25	1.20	3.63	1.10	1.66	2.82
	淋溶层	0.92	1.18	0.99	2.62	0.98	1.34	2.08
	母质层	0.86	0.92	0.81	1.87	0.79	1.05	1.52
	均值	0.96	1.12	1.00	2.68	0.95	1.35	2.14
木本植物区均值		1.01	1.09	0.93	2.3	0.97	1.26	1.86
草本植物区	表层	1.13	1.29	1.05	2.85	1.12	1.49	2.27
	淋溶层	1.02	1.18	1.00	2.72	1.02	1.39	2.16
	母质层	0.96	1.15	0.85	1.99	0.95	1.18	1.64
	均值	1.04	1.20	0.92	2.47	1.03	1.35	2.02
五区均值		1.03	1.15	0.93	2.39	1	1.31	1.94

注：土壤中重金属 i 的单因子指数 $P_i \leqslant 1$，即土壤污染物实测值与土壤背景值相近；$1 < P_i \leqslant 2$，即土壤污染物实测值高于污染起始值，土壤受到污染；$2 < P_i \leqslant 3$，即土壤污染物实测值超过污染起始值 1 倍，植物生长受到抑制；$P_i > 3$，即土壤污染物实测值超过污染起始值 2 倍，植物受害严重。

潘安湖采煤塌陷地湿地沉积物重金属污染地积累指数见表 14-23。

可见，湿地沉积物重金属污染主要为 Mn 污染。

潘安湖采煤塌陷地湿地沉积物重金属污染地积累指数　　　　　　　　　　　　　　表 14-23

元素	统计量	最小值	最大值	平均值	平均污染等级
Zn	11	−3.73	−3.56	−3.63	无污染
Cd	11	−4.30	−3.25	−3.80	无污染
Mn	11	−1.22	0.55	−0.54	无污染到中度污染

3. 生态修复的主要技术与方法

（1）污染治理

1）煤矸石山的治理

封顶覆盖层和种植土。根据项目区垃圾填埋处的堆体采用不同的防渗膜，来阻止垃圾、渗沥液以及填埋气体给环境造成的污染，也防止降雨、动物的进入和生成气的溢出，控制好堆体的稳定性。再其上覆盖种植土，创造植物适宜生长的环境。

2）污水治理

一是未利用的煤矸石、粉煤灰堆积排放区淋溶污染，水域周边农业面污染等污染物进入湿地水域。对策是在湿地各入水口上游区域建立"生态截污带"。

"生态截污带"一般由2条渗滤坝及位于其中间的水生植物带组成。每条渗滤坝宽3m，长约1000m，以煤渣、河沙混以泥土建筑而成。两坝间隔50m，中间大量种植芦苇等耐污水生植物（图14-36）。由于"生态截污带"的渗滤作用，水体质量得以显著提高。

二是区内镇、村、厂矿生活污水等污染物进入湿地水域。对策是在湿地各入水口上游区域设立"一体化污水处理设施"。

"一体化污水处理设施"将一沉池、Ⅰ、Ⅱ级接触氧化池、二沉池、污泥池集中一体的设备，并在Ⅰ、Ⅱ级接触氧化池中进行鼓风曝气，使接触氧化法和活性污泥法有效地结合起来，同时具备两者的优点，并克服两者的缺点，使污水处理水平进一步提高。

3）重金属污染的处理

重金属污染土壤的修复采用植物富集修复技术。根据《江苏省科技支撑计划项目——徐州采煤塌陷区生物修复》（编号BE2013625）研究，Cd富集能力强的树种有杨树、三球悬铃木、银杏；Cr吸收能力强的树种有枇杷、侧柏、银杏；Cu吸收能力强的树种有石榴、紫薇、国槐；Pb

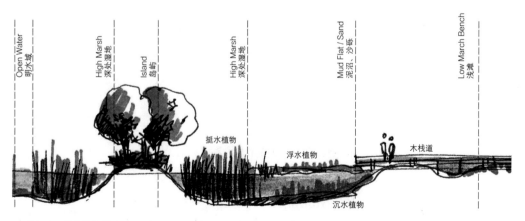

图14-36　生态截污带

吸收能力强的树种有雪松、乌桕、红叶石楠、木槿；Zn 吸收能力强的树种有紫薇、杨树、重阳木；Mn 吸收能力强的树种有乌桕、杨树、女贞；重金属综合吸收能力强的园林植物种类有杨树、乌桕、枇杷、紫薇、雪松。草本植物中的艾蒿、黄花蒿、一年蓬、牛膝和狗尾草对重金属尤其对主要富集重金属 Cd 的吸收能力强。

根据以上研究结果，针对功能区的重金属污染情况，结合生态景观重建要求，有针对性地选择不同的植物种类，并进行合理配置，以最大限度地吸收环境中的重金属污染物，有效改善生态环境。

4）水环境生态修复

水体环境是潘安湖采煤塌陷地生态环境修复的关键因子。修复中综合运用水位调控、污染源控制、植物净化系统、建立监测监控体系等技术和措施，改善和保证水体质量（图 14-37）。

①湿地生物净化

综合运用挺水植物、浮叶植物、沉水植物、生态浮岛等方法，构建从滨岸到水体中心、群落类型依次为植被缓冲带——挺水植物群落带——浮叶植物群落——沉水植物群落——植物浮岛湿地生物净化体系。

漂浮物过滤区域：设置植物浮岛和截污网，消除固体垃圾。植物选用拦污能力强的美人蕉、菖蒲等。

砂砾过滤区：设置在进水口附近，以砂砾石为过滤层，去除水体中悬浮颗粒。植物配置上选用根系发达、固沙力强、耐淹的植物；挺水植物：芦苇、荻、水芹，湿生植物：苔草、莎草。

综合净化区域：种植水生植物对水体进行初步净化。不易吸收的有

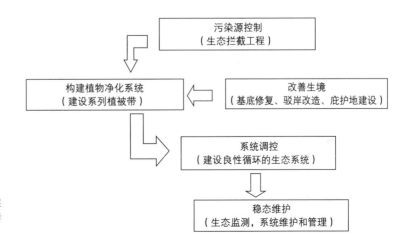

图 14-37 潘安湖采煤塌陷区水体生物修复技术路线图

机物颗粒净化后仍然存在。选择植物具备耐淹性（有永久性和间歇性水淹）、对各种污染物有综合吸收能力的植物。

潜流湿地净化植物床：利用植物根系和土壤将有机物颗粒拦截滞留在土壤中，由微生物进行下一步分解。

重金属净化区：以沉水植物和潜流湿地来吸收水体中的重金属元素。

水质稳定区：利用人工增氧的手段，增强水中生态系统的稳定性，避免水质再度恶化。混合种植挺水植物、沉水植物和浮水植物，协同净化。投放贝类、龟类、栖类、蟹类，控制鱼类数量，适当控制鱼类数量，禁止网箱养殖。

②植被缓冲带

设置一定宽度、坡度的植被缓冲带，通过过滤、截留、吸收等方式将地表径流和渗流中的沉积物、营养盐、有机质等物质去除，使进入水体的污染物浓度和毒性降低，是湖泊水体修复的第一道屏障。潘安湖采煤塌陷地陆生植被缓冲带构建模式主要分为三区，三区宽度按 1∶3∶1 配置（图14-38）。其中，一区（间歇区）种植本土耐水湿乔木，具有固土护坡和保护水生生境的功能；二区（陆地区）种植人工林和灌木，保证植物多样性，为各类小型动物提供生活场所；三区（陆地区）种植草本植物，主要截留和过滤各类污染物。

潘安湖示范区分两种情况实施，缓冲带宽度小于 10m，不做二区人工林，只做三区草本区和一区乔木区加灌木以增加植物净化能力；缓冲带宽度大于 10m，按照滨岸缓冲带植物配置模式图的三区的比例扩大或者缩小实施。

绿地宽度小于 10m 植物配植模式为：一区植物配置：水杉—池杉—

图 14-38　植被缓冲带

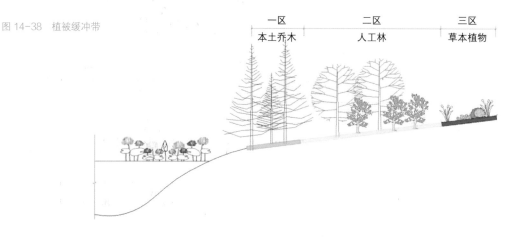

一区　　　　　　二区　　　　三区
本土乔木　　　　人工林　　　草本植物

混播草坪、枫杨—混播草坪、乌桕—麦冬，三区规模及植物配置：混播
草坪（高羊茅：黑麦草：早熟禾 = 1：1：2）

绿地宽度大于 10m 植物配植模式为：一区规模及植物配置：水杉—
池杉—混播草坪、枫杨—混播草坪、柳树—桃树—百慕大、乌桕—麦冬
等，二区规模及植物配置：女贞—红瑞木—混播草坪，苦楝—木槿—云
南黄馨—白三叶；落羽杉 + 丝绵木—垂丝海棠—百慕大等，三区规模及
植物配置：混播草坪、百慕大、早熟禾、麦冬分片种植。

③浅水区植物修复

浅水区指正常稳定水深 < 100cm 的区域。浅水区植物带是湿地生态
系统中水生植物景观塑造的重点，植物配置以挺水植物为主，挺水植物
主要有：芦苇、香蒲、水葱、千屈菜、西伯利亚鸢尾等。

④深水区植物修复

深水区指正常稳定水深 ≥ 100cm 的区域。深水区植物配置以浮水植
物、沉水植物为主。无论沉水植物或浮水植物，均应合理控制种植密度，
以保证水下的植物光合作用良好。浮水植物主要有：睡莲、中华萍蓬草
等。沉水植物主要有：菹草、狐尾藻、金鱼藻、伊乐藻等。

（2）地貌重塑

地貌重塑应根据地貌破坏程度、生态和景观恢复目标等综合考虑。
核心是制定土地利用平面和竖向控制方案，关键在于水系重塑、土方设
计与土地利用的动态平衡、环湖与岛屿边坡的修筑防护 3 个方面。

1）充填造地

潘安湖采煤塌陷区水域面积大、比例高，土地资源宝贵。为增加可
用土地，选择在浅塌陷区，首先剥离沉陷区的表层熟土，堆放在周围，
然后采用分层法填充煤矸石，待煤矸石充填到规定程度时，再将熟土
（或客土）覆盖在煤矸石上，作为种植层。

2）水系重塑

"潘安湖"采煤塌陷区自然河道发达，上游有京杭大运河的支流不老
河，下游有屯头河。水资源虽然丰富，但由于土地塌陷，沉降程度不一，
水体分布散乱，连通性差，死水塘多，水体自净能力低下。为此，通过构
建湖泊型水体、沟通自然水系和筑岛的方法，重塑塌陷区内的水系结构。

构建湖泊型水体。根据塌陷形成的水体（塌陷坑或季节性积水区域）
与原有自然河道的关系，截断各个围圩，使之成为相互连通、开放的水

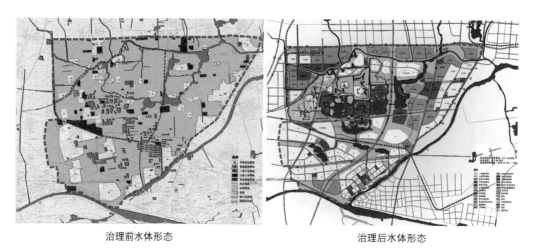

治理前水体形态   治理后水体形态

图 14-39　潘安湖采煤塌陷区湖泊型水体的构建

体，形成广阔的湖面（图 14-39）。

　　①沟通自然水系。以原有自然河道为中心，现状水面为基础，进行适当的连通、疏浚，沟通与上、下游河道的联系，保证水体交换、防洪排涝地需要，如图 14-40 所示。

　　②筑岛。根据地质勘探和开采沉陷学，通过塌陷体稳定性预测评价，选择稳定性较好已不再活动的区域，作为岛址，利用开挖湖泊型水体和沟通自然河道所产生的土方筑岛。筑岛过程中，注意微地形的设计，以自然河道为主要汇流方向，根据各个独立地块的形状、确定高点及排水

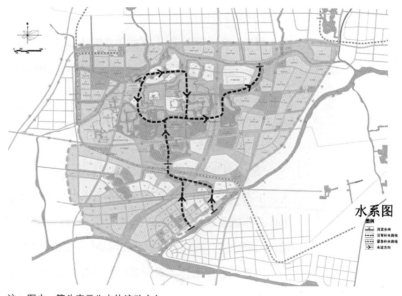

水系图

图 14-40　潘安湖采煤塌陷地湿地公园水系重建规划图

注：图中，箭头表示为水体流动方向

趋势，设计多种竖向方案，形成效率较高的地表径流系统，最大限度的利用好雨水资源，为建立开放式的湿地生态系统提供条件。

3）土方设计与土地利用的动态平衡

在潘安湖采煤塌陷区的再利用规划中，土方的工程量相当巨大，在设计之初就把土方平衡的问题考虑在内。

首先是科学确定各类用地标高。根据规划目标，潘安湖采煤塌陷区可以分为农耕景观、自然生态景观 2 大类。农耕景观又可细分为农业生产区、休闲农业区等；自然生态景观可细分为生态保育区、生态休闲观光区等。根据景观类型，分别制定标高策略。

农业景观区以复垦后的土地能保证当地农作物正常生产为原则。

自然生态景观区采取多种标高策略。以主岛为全区的景观制高点，标高要能够保证旱生大乔木的生长和景区游憩服务场所的防洪、防涝要求。其他岛屿，中心区域要能满足旱生乔木的生长需要，中心区域至水域的区域，可根据选用的植物不同逐步降低标高。

土方来源，主要运用沟通水系挖出的土方。不足部分，按深挖浅填、近挖远输的方法，达到区内的土方利用平衡。

4）环湖与岛屿边坡的修筑防护

潘安湖采煤塌陷区为砂性土，以结构较疏、黏聚力低为特点，岛屿与边坡的修筑防护是地貌重塑中土方与土地利用平衡的关键措施。因此，在环湖与岛屿边坡修筑中，针对边坡砂性土的特点，采取生物工程法，是一种建立在可靠的土壤工程基础上的生物工程方法。

①自然岸线驳岸。潘安湖在坡度缓或腹地大的河段使用自然岸线驳岸，沿岸土壤和植物适当采用置石、叠石，以减少水流对土壤的冲蚀，这样做成的景观自然，岸栖生物丰富，保持水陆生态结构和生态边际效应，生态功能健全稳定。种植柳树、水杨以及芦苇等喜水植物，由它们生长舒展的发达根系来稳固堤岸，加之其枝叶柔韧，顺应水流，增加抗洪、护堤的能力（图 14-41）。

②生物有机材料生态驳岸。对于较陡的驳岸或冲蚀较严重的地段，采用生物有机材料生态驳岸类型，通常这种方法利用树桩、树枝插条、竹篱、草袋等可降解或可再生的材料辅助护坡，再通过植物生长后根系固着成岸，本项目采用双排木桩辅助护坡，这样做成的驳岸固土护坡效果好，而且净化能力强（图 14-42）。

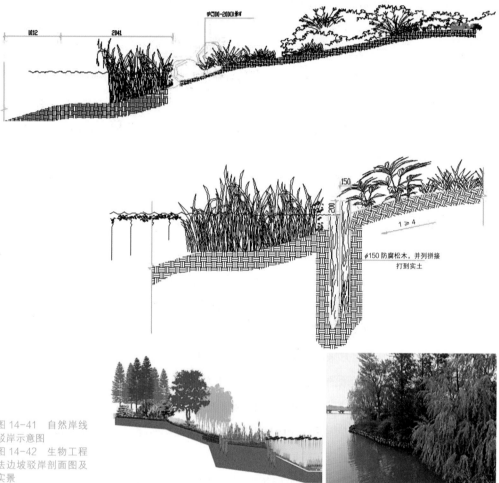

图 14-41　自然岸线驳岸示意图
图 14-42　生物工程法边坡驳岸剖面图及实景

（3）土壤重构

潘安湖采煤塌陷区为黄泛冲积平原，农业发达，土壤原为优良的耕作土，塌陷后绝大部分地方地表损坏严重。根据现场条件，土壤重构主要采用表土剥离、削高补低、深挖浅填、交错回填、修复整平的土壤重构技术。

分层剥离、交错回填，即将上覆岩层分为若干层，一般分为两层如分为上部土层和下部土层或两层以上，对分出的土层逐层剥离，同时通过错位的方式交错回填保持土层的顺序基本不变，构建更适于植物生长的土壤剖面。再通过采用分层充填、分层压实逐步将塌陷区回填至设计标高，以满足复垦土地用作建筑用地的要求。

回填表土或客土之前要平整土地，平整土地时应综合考虑当地实际地形以及灌排水的要求和道路布置，合理进行平整单元划分，移高填低，就近挖填平衡，尽量减少工程量，提高劳动生产率。回填表土或客土后再次平整土地应注意保护地表土，并与土壤改良结合起来进行，平整后的土地应加强田间管理，尽量保持一定肥力，可采用旋耕犁等机械，深度要达到设计要求。

4. 景观重建

（1）总体格局

潘安湖采煤塌陷地湿地公园的总体格局，首先根据土地的塌陷、沉降情况，水系的沟通整治需要，构造大小岛屿 19 个，形成丰富的水系艺术空间。以此为基础，根据公园建设目标，合理布置各功能片区，整体形成"五大区、十二小区"的功能布局（图 14-43）。其中，生态旅游休闲区位于核心区北部，由农耕体验区、生态休闲区两部分组成，该区结合现状农田景观，开展农耕体验、生态休闲等。湿地核心景观区位于核心区中部，该区由入口服务区、湿地生态保育区、湿地民俗游乐区、湿地生态观光区及潘安文化创意产业园五个部分组成，该区结合湿地自然风光、民俗文化，充分利用水域、岛屿、植被及文化特征，开展生态观光、科普教育、民俗体验等。旅游度假区位于核心区南部，由生态水上游乐园及生态度假区两部分组成，充分利用开阔水域开展各类娱乐运动

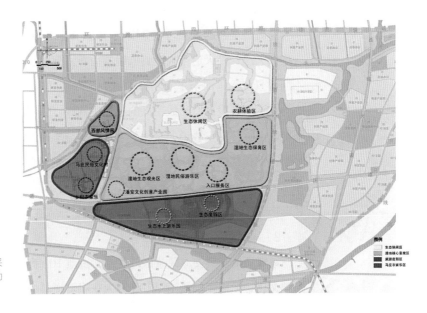

图 14-43　潘安湖采煤塌陷地湿地公园功能分区图

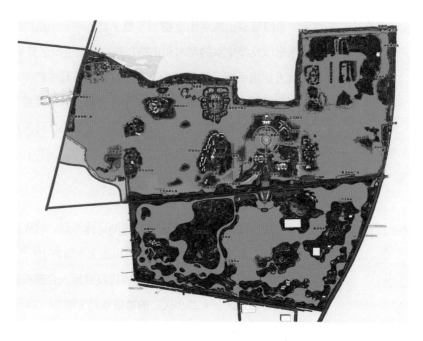

项目，着力打造潘安湖水上娱乐等品牌，生态度假区将融合湿地景观特
色、滨水特色打造生态环境优美的度假区。西部风情区位于马庄以南的
区域，主要为西部风情园，由乡村农家乐与马庄民俗文化村两部分组成，
依托马庄民俗文化背景，以展现马庄的特色民俗文化及产业为主，成为
中外乡村民俗文化交流的中心（图 14-44）。

（2）核心自然景观群构建

1）主岛与植物景观群

主岛是全园的景观与服务中心。以地域文化为主基调，从主入口进
入中央大道，沿大道中央设置四组假山石，分别展现春夏秋冬一年四季
不同的景色，寓四季平安之意（图 14-45）。与两侧布置的游客服务中
心等旅游服务设施，形成主岛的景观主轴线。右侧池杉林风景区占地近
千亩，池杉林中设栈道，穿行其中，体验与水亲近，与林相邻的雅、静
之感。池杉林内设三个亭子，名草安居——相传晋武帝时期（公元280
年），盖世美男潘安，与晋武帝的女儿慧安公主，在宫女小翠的安排下，
私奔来到此地，潘安依湖搭建了一个草棚，三人在此休养生息。

2）蝴蝶岛

蝴蝶岛位于潘安湖风景区西北部，占地 101 亩，该岛围绕渲染蝴蝶
主题文化，配建蝴蝶展览馆，让游人在观赏蝴蝶的同时，体验蝴蝶标本

图 14-45　潘安湖主岛春夏秋冬"四季"组景

的乐趣（岛上设有欧式教堂，打造欧式婚庆场所，并在环境优美的树丛中点缀一些欧式别墅，让人们充分感受诗意浪漫的西方风情）。

3）醉花岛

"四季花海"醉花岛位于潘安湖风景区西部，占地 64 亩，以香花植物为特色，设有传统的中式婚庆场所。可在此举行民俗婚礼仪式和开放式婚庆活动，也可举行沙龙聚会、品茶等户外活动，岛上在布满中式古居民宅的老街中，设有中式品茶雅居，让人们在休闲中，充分回味高雅的茶香古韵（图 14-46）。

4）颐心岛

取自"颐养身心"之意。该岛位于醉花岛北侧，紧靠西侧湿地，占地 63 亩。岛上种植以杜仲药材为主的植物，形成植物养生的特色。在葱郁的树林和花草中间，布置养生会所，具备植物养生、五谷养生、水疗养生、休闲养生四大特色，形成幽静自然的生态养生基地（图 14-47）。

图 14-46　接天莲叶无穷碧，映日荷花别样红

图 14-47　舟行碧波
上，人在画中游

5）鸟岛

鸟岛分涉禽散养区、野生鸟类招引区、鸟类游禽区、红锦鲤鱼区和孔雀散养区，岛中设观鸟亭。多样的植被群落和生境，引来苍鹭、天鹅等野生鸟类无数。

6）池杉林

池杉林科普教育基地是展示潘安湖丰富物种多样性的最重要地区，该基地位于潘安湖北湖东部的湿地保育区，总面积 208 亩，是潘安湖的核心景观区、重要的湿地保育区、文化展示区和科普教育基地（图14-48）。

（3）乡村与人文景观的保护和再造

乡村景观既是潘安湖采煤塌陷地湿地公园乡村旅游可持续发展的核心资源，也是建设美丽乡村、乡村城市化可持续发展的保证。

1）潘安文化岛

潘安文化岛以两千年历史文化底蕴为依托，形成古色古香、底蕴深厚的潘安古街、古庙和潘安市井文化，以及潘安其人逸事。全岛占地140 亩，岛上古木葱茏，建筑整体风格朴素秀气，塑造隐逸古镇的印象。建筑错落有致，保持北方民居的建设风格。打造集文化、度假、餐饮、娱乐于一体的景观度假特色建筑群（图 14-49）。

2）民俗风情区

以"全国文明村"马庄村为依托，主要由神农庄园、民俗大舞台、民俗广场组成（图 14-50）。

神农庄园神农氏雕塑，雕像高 9.9m。神农氏雕像整体造型粗犷有力，双目坚毅，头部略低，俯视苍生，展现了部族首领的强壮与威严；身披斗篷，赤脚而行，体现了远古先民艰苦的生活状态。神农双手托起神农百草经书卷，将其一生心血和生命奉献给炎黄子孙，厚泽

图 14-48　潘安湖池杉
林景观
图 14-49　潘安湖潘安
古镇
图 14-50　民俗风情区

百世。作为弘扬中国传统农耕文化的代表，神农氏雕塑成为园区重要
标志。

　　民俗广场设置二十四节气雕塑。整体呈方形，共分三段。上部为
"天"，刻有云纹与日、月，寓意风调雨顺。中部为核心部分，正反两面
有篆书的节气名称，一侧有雕刻的与该节气相对应的花朵，旁边雕刻的
节气歌简单明了地将节气的意义阐述出来；另一侧刻着金色的节气释义，
详细地将节气的内容表达给观者；而贯穿上下的麦穗纹样将农耕与节气
的联系注入其中。底部为"地"，刻有山水纹案，寓意五谷丰登，滋养万
物。雕塑上铭刻二十四节气与中国传统医学养生相结合的内容，体现了
中华民族对自然和人类自身的思索，以及顺应四时、"天地人"和谐统一
的文化思想。

　　5. 修复治理的效果
　　潘安湖采煤塌陷地湿地公园景区的运营带动周边商业、种植业、休

闲观光农业的发展潜力；形成贾汪连接徐州主城区的生态走廊，极大促进贾汪区的经济发展。同时，通过设计多种岛的组合形成了层次丰富、空间景观丰富、植被生境环境丰富的水系空间系列，为潘安湖景观的多元性和丰富性、历史文化内容提供了丰富的水系空间载体，真正达到人、动物、自然和谐共处的效果。经调查和评估，湿地公园生态服务功能总价值为 16873.42 万元 /a，其中湿地生态系统价值 11248.95 万元 /a，森林生态系统价值 5624.47 万元 /a。湿地生态系统中，供给功能价值 678.44 万元 /a，调节功能价值 7508.67 万元 /a，文化功能价值 1665.97 万元 /a，支持功能价值 1394.87 万元 /a。森林生态系统中，生物多样性保护价值 546 万元 /a，涵养水源 1266.89 万元 /a，保育土壤价值 720.43 万元 /a，固碳释氧价值 1219.10 万元 /a，积累营养物质价值 86.37 万元 /a，净化大气环境价值 1308.45 万元 /a，森林防护 211.46 万元 /a，森林游憩 265.77 万元 /a。

（1）生物多样性

1）植物多样性

修复后的潘安湖采煤塌陷地湿地公园共有植物 97 科，227 属，353 种（含变种），其中乔木 117 种，灌木 94 种，草本植物 86 种，水生植物 41 种，竹类 10 种，藤本 5 种（表 14-24）。乔木、灌木、草本植物的比例为 1.24：1：0.91；木本植物中常绿树种与落叶树种的种类比为 3.36：6.64，数量比为 5.15：4.85，总体构成基本合理；乡土植物与外来植物的种类比为 7.18：2.82，以乡土树种为主，利于公园地方特色的体现。

潘安湖采煤塌陷地湿地公园植物种类构成　　　　　　　　　　　　　　　　表 14-24

植物类型	科	属	种	种占总种数的比例（%）
乔木	40	72	117	33.14
灌木	29	59	94	26.63
草本植物	25	72	86	24.36
水生植物	23	30	41	11.62
竹类	1	3	10	2.83
藤本	4	5	5	1.42

公园内有乔木 40 科 72 属 117 种，占所有植物种类的 33.14%，其中水杉、池杉、雪松、广玉兰、香樟、银杏、垂柳、乌桕、重阳木、紫叶李、垂丝海棠等植物的种植数量均达到 2 千株以上，尤其是水杉和池杉，种植总量达到 2 万株以上，凸显了公园的湿地特色。灌木 29 科 59 属 94 种，占植物种类总数的 26.63%，常见的灌木有红叶石楠、海桐、紫薇、木槿、夹竹桃、锦带等，在植物群落构成中起到"承上启下"的作用，对丰富公园植物层次、完善植物群落结构起到重要作用。草本植物共有 25 科 72 属 86 种，占总数的 24.36%，频度大于 50% 的草本植物包括麦冬、金鸡菊、波斯菊等百合科和菊科的植物，观赏性强，对提高植物景观的观赏性作用显著。水生植物 41 种，占总数的 11.62%。常见的有芦苇、芦竹、黄菖蒲、睡莲、荷花等。潘安湖采煤塌陷地湿地公园中的竹类共有 10 种，占总数的 2.83%。常见的有刚竹、淡竹等，除龟甲竹外，整体长势良好，具有较好的观赏效果。公园的藤本植物有 5 种，占总数的 1.42%，多用于花架、墙体的绿化，常见的有紫藤、常春藤等。潘安湖采煤塌陷地湿地公园共有常绿乔木 21 种，落叶乔木 96 种；常绿灌木 50 种，落叶灌木 44 种，草本植物除麦冬、沿阶草、吉祥草等少数种类外，以落叶植物为主。木本植物中，从种类组成看，常绿树种与落叶树种的比例为 3.36 : 6.64，其中常绿乔木与落叶乔木的比例为 1.79 : 8.21，常绿灌木与落叶灌木的比例为 5.32 : 4.68。从数量组成看，常绿树种与落叶树种的比例为 5.15 : 4.85，其中常绿乔木与落叶乔木的比例为 1.52 : 8.48，常绿灌木与落叶灌木的比例为 6.50 : 3.50。

公园内共有乡土乔木 81 种，外来乔木 36 种；乡土灌木 59 种，外来灌木 35 种；乡土草本植物 62 种，外来草本植物 24 种；竹类、藤本植物和水生植物以乡土植物为主。从种类组成看，乡土植物与外来植物的比例为 7.18 : 2.82，其中乔木的为 6.92 : 3.08，灌木的为 6.30 : 3.70，草本植物的则为 8.18 : 1.82。从数量组成看，乔木的为 8.62 : 1.38，灌木的为 8.33 : 1.67。根据国家相关标准，城市园林绿化建设中，乡土植物应占 70% 以上，公园植物的构成基本符合这一要求，大量乡土树种的运用，彰显了"适地适树"的树种选择原则，也突出了湿地公园的地方特色。

公园整体的植物多样性指数较高，其中辛普森指数为 0.9283，香

农 – 维纳多样性指数为 3.3401；植物丰富度指数为 13.6926，反映公园内植物种类丰富，利于植物群落的稳定和生态功能的发挥。公园植物的均匀度指数较低，为 0.6488，说明植物组成中优势种占优势，其他种类的植物应用数量少，现场调查统计数据也证实了这一点，公园内乔木中，有的树种数量达到上万株，如水杉和池杉，有的不到 20 株，如灯台树、秤锤树、枳椇等；灌木和草本植物中，木槿种植数量达到 2 万余株，海桐、金钟等的种植面积均达到 1 万平方米以上，而部分种类植物种植数量不到 20 株（10m²），如金边胡颓子、迷迭香、桔梗等。主要景区的植物多样性相关指数分析结果见表 14-25。

潘安湖采煤塌陷地湿地公园各景区植物多样性比较   表 14-25

景区	植物多样性		植物丰富度指数	Pielou 植物均匀度指数
	辛普森多样性指数	香农 – 维纳指数		
蝴蝶岛	0.4801	1.4614	5.0795	0.3681
环湖东路	0.582	1.7212	6.6018	0.3950
环湖北路（含池杉林）	0.8534	2.3308	3.4427	0.6407
哈尼岛	0.9295	3.1445	5.9134	0.7711
醉花岛	0.9523	3.3931	5.9124	0.8467
北大堤	0.7356	1.8301	2.5782	0.5920
澳洲主岛	0.7641	2.1818	7.4214	0.4873
整个公园	0.9283	3.3401	13.6926	0.6488

2）动物多样性

经调查统计，潘安湖采煤塌陷地湿地公园共有野生脊椎动物 298 种，隶属于 27 目 74 科，其中鸟类最多，共 15 目 41 科 209 种，占动物总种数的 70.13%；其次为哺乳动物，有 6 目 13 科 20 种；鱼类为 4 目 10 科的 44 个种；爬行动物 16 种；两栖动物较少，1 目 5 科 9 种，占总数的 3.02%。动物种类构成详见表 14-26。

潘安湖采煤塌陷地湿地公园动物种类构成 表 14-26

动物类型	目	科	种	种占总种数的比例（%）
鸟类	15	41	209	70.13
鱼类	4	10	44	14.77
两栖动物	1	5	9	3.02
爬行动物	1	5	16	5.37
哺乳类动物	6	13	20	6.71

（2）生态服务价值

1）生物多样性价值

根据前人的研究成果，江苏省湿地生态系统的 Shannon-Wiener 指数为 3.8，对应的单位面积物种保育价值为 20000 元 /（hm^2·a）。根据公式，计算出潘安湖采煤塌陷地湿地公园生态系统生物多样性价值 546 万元 /a，单位面积湿地生态系统的生物多样性价值为 2 万元 /（hm^2·a），见表 14-27。

潘安湖采煤塌陷地湿地公园生物多样性价值 表 14-27

项目	幼龄林	中龄林	近熟林	合计
林分面积（hm^2）	116.84	140.87	15.29	273
物种保育价值（万元 /a）	233.68	281.74	30.58	546

2）涵养水源

根据中国气象科学数据共享服务网获取的气象数据，可以求得到徐州市近 15 年的年平均降水量；根据前人研究成果，我国各类型森林的平均蒸散量占总降水量的 30%~80%，本项目采用《中国森林环境资源价值评价》中 70% 的平均蒸散系数，计算得出林分蒸散量；在遭遇大暴雨时，某些特殊地形地貌的林地会产生一定的地表径流，但从区域尺度和年尺度来看，地表径流量非常小，因此本项目忽略了地表径流量；水库单位库容造价为 13.71 元 /m^3，居民用水价格取值为 4.51 元 /m^3。根据公式，计算出潘安湖采煤塌陷地湿地公园涵养水源量及其价值为涵养水源量为 695331m³/a，涵养水源价值 1266.89 万元 /a，其中调节水量价值 953.3 万元 /a，净化水质价值 313.59 万元 /a，调节水量与净化水质的价值分别占涵养水源价值的比例为 75.25% 和 24.75%，单位面积森林生态系统涵养水源价值量为 4.64 万元 /（hm²·a），见表 14-28。

潘安湖采煤塌陷地湿地公园涵养水源量及价值　　　　　　　　　　　　　　表 14-28

项目	幼龄林	中龄林	近熟林	合计
林分面积（hm²）	116.84	140.87	15.29	273
年平均降水量（mm）	849	849	849	849
林分蒸散量（mm）	594.3	594.3	594.3	594.3
涵养水源量（m³）	297591.48	358795.89	38943.63	695331
调节水量价值（万元/a）	408.00	491.91	53.39	953.30
净化水质价值（万元/a）	134.21	161.82	17.56	313.59
涵养水源总价值（万元/a）	542.21	653.73	70.95	1266.89

3）保育土壤

根据江苏省森林生态定位站多年监测数据及相关研究成果得出无林地土壤平均侵蚀模数为 382t/（hm²·a），有林地的土壤平均侵蚀模数为 213t/（hm²·a），林地土壤平均密度为 1.3t/m³，单位体积土方的挖取费用为 25.5 元 /m³。根据公式，计算出潘安湖采煤塌陷地湿地公园湿地固持土壤量及其价值，见表 14-29。

潘安湖采煤塌陷地湿地公园固土量及价值　　　　　　　　　　　　　　表 14-29

项目	幼龄林	中龄林	近熟林	合计
林分面积（hm²）	116.84	140.87	15.29	273
固土量（t/a）	15189.2	18313.1	1987.7	35490
固土价值（万元/a）	38.73	46.70	5.07	90.50

经取样测定，徐州市森林区域表层土壤全氮平均含量为 0.062%，全磷平均含量为 0.075%，全钾平均含量为 1.86%，有机质平均含量为 0.85%；根据化肥产品的说明，磷酸二铵化肥的含氮量和含磷量分别为 14%，15.01%，氯化钾化肥的含钾量为 50%；根据农业部中国农业信息

网站，磷酸二铵化肥的价格为 3000 元 /t，氯化钾化肥的价格为 2700 元 /t，有机质价格为 920 元 /t。根据公式，计算出潘安湖采煤塌陷地湿地公园保肥量（减少 N、P、K 流失量）及其价值，见表 14-30。

潘安湖采煤塌陷地湿地公园保肥量及价值　　　　　　　　　　　　　　　　　表 14-30

项目	幼龄林	中龄林	近熟林	合计
林分面积（hm²）	116.84	140.87	15.29	273
减少 N 流失量（t/a）	12.24	14.76	1.60	28.60
减少 N 流失价值（万元 /a）	26.23	31.63	3.43	61.30
减少 P 流失量（t/a）	14.81	17.86	1.94	34.60
减少 P 流失价值（元 /a）	29.60	35.69	3.87	69.16
减少 K 流失量（t/a）	367.27	442.81	48.06	858.15
减少 K 流失价值（万元 /a）	198.33	239.12	25.95	463.40
减少有机质流失量（t/a）	167.84	202.36	21.96	392.16
减少有机质流失价值（万元 /a）	15.44	18.62	2.02	36.08
森林保肥价值（万元 /a）	269.60	325.06	35.27	629.93

森林保育土壤价值为森林固土价值与森林保肥价值之和，得出潘安湖采煤塌陷地湿地公园保育土壤价值（表 14-31，公园保育土壤价值 720.43 万元 /a，其中森林固土价值 90.5 万元 /a，森林保肥价值 629.93 万元 /a，森林固土与森林保肥的价值分别占保育土壤价值的比例为 12.56% 和 87.44%，单位面积森林生态系统保育土壤价值为 2.64 万元 /（hm²·a），见表 14-31。

潘安湖采煤塌陷地湿地公园土壤保育价值　　　　　　　　　　　　　　　　　表 14-31

项目	幼龄林	中龄林	近熟林	合计
林分面积（hm²）	116.84	140.87	15.29	273
森林固土价值（万元 /a）	38.73	46.7	5.07	90.50
森林保肥价值（万元 /a）	269.6	325.06	35.27	629.93
森林保育土壤价值（万元 /a）	308.33	371.76	40.34	720.43

4）固碳释氧

根据文献资料，徐州市潘安湖采煤塌陷地湿地公园的森林净生产力取中国暖温带植被年均单位面积净生产力的平均值 14.5t/（hm²·a）；根据瑞典碳税率，每吨碳 150 美元，折合成人民币为 1038.7 元/吨碳；氧气的价格为 2200 元/t。根据公式，计算出潘安湖采煤塌陷地湿地公园固碳释氧实物量及其价值，固定碳量为 1759.56t/a，固定碳价值 182.77 万元/a，释放氧气量 4710.62t/a，释放氧气价值 1036.34 万元/a，固碳释氧价值合计为 1219.10 万元/a，单位面积湿地生态系统固碳释氧价值量为 4.47 万元/（hm²·a），见表 14-32。

潘安湖采煤塌陷地湿地公园固碳释氧实物量及价值   表 14-32

项目	幼龄林	中龄林	近熟林	合计
林分面积（hm²）	116.84	140.87	15.29	273
固碳量（t/a）	753.06	907.94	98.55	1759.55
固碳价值（万元/a）	78.22	94.31	10.24	182.77
释氧量（t/a）	2016.07	2430.71	263.83	4710.61
释氧价值（万元/a）	443.54	534.76	58.04	1036.34
固碳释氧价值（万元/a）	521.76	629.07	68.28	1219.11

5）积累有机物质

根据文献资料，徐州市潘安湖采煤塌陷地湿地公园的森林净生产力取中国暖温带植被年均单位面积净生产力的平均值 14.5t/（hm²·a），不同林分森林林木的 N、P、K 平均含量分别为 0.826%、0.035%、0.633%；根据化肥产品的说明，磷酸二铵化肥的含氮量和含磷量分别为 14%，15.01%，氯化钾化肥的含钾量为 50%；农业部中国农业信息网站公布数据显示，磷酸二铵化肥的价格为 3000 元/t，氯化钾化肥的价格为 2700 元/t。根据评价公式，计算出潘安湖采煤塌陷地湿地公园森林生态系统积累营养物质实物量（N、P、K）及其价值，分别为氮 32.7t/a，磷 1.39t/a，钾 25.06t/a，积累营养物质价值 86.37 万元/a，单位面积森林积累营养物质价值量为 0.32 万元/（hm²·a），见表 14-33。

潘安湖采煤塌陷地湿地公园林木营养物质积累实物量及价值　　　　　表 14-33

项目	幼龄林	中龄林	近熟林	合计
林分面积（hm²）	116.84	140.87	15.29	273
积累 N 量（t/a）	13.99	16.87	1.83	32.69
积累 N 价值（万元/a）	29.99	36.15	3.92	70.06
积累 P 量（t/a）	0.59	0.71	0.08	1.38
积累 P 价值（万元/a）	1.19	1.43	0.16	2.78
积累 K 量（t/a）	10.72	12.93	1.40	25.05
积累 K 价值（万元/a）	5.79	6.98	0.76	13.53
积累营养物质价值（万元/a）	36.97	44.56	4.84	86.37

6）净化大气环境

根据《中国生物多样性国情研究报告》，阔叶林对 SO_2 的吸收能力为 88.65 kg/（hm²·a），针叶林的吸收能力为 215.60 kg/（hm²·a），取平均值为 152.13 kg/（hm²·a）；阔叶林的滞尘能力为 10.11t/（hm²·a），针叶林的滞尘能力为 33.2t/（hm²·a），取平均值为 21.66t/（hm²·a）；森林对氟化物的吸收能力为 2.57 kg/（hm²·a）；森林对氮氧化物的吸收能力为 6.00kg/（hm²·a）；森林空气中的负氧离子平均密度取 1680 个/cm³，林分平均高度为 7m；30m 宽的乔灌木树冠覆盖的道路可降低噪音 6～8dB，乔、灌、草结合的多层次的 40m 宽的绿地能降低噪音 10～15dB，按照最新国家排污费征收标准及说明等，结合徐州市目前经济水平及各指标的市场价格，取二氧化硫的治理为 2.73 元/kg；氟化物的治理费用为 2.69 元/kg；氮氧化物的治理费用为 1.63 元/kg；降尘的清理费用为 2.15 元/kg；负离子生产价格为 10.69 元/（108 个）；按郎奎建支付愿意法得到森林减少噪音价值为 5 元/dB·m。根据评价公式，计算出潘安湖湿地生态系统净化大气环境的各项功能量及其价值分别为，吸收污染物价值 11.8 万元/a，滞尘价值 1271.33 万元/a，提供负氧离子价值 7480 元/a，降低噪音价值 2.457 万元/a，净化大气环境总价值 1308.45 万元/a，单位面积森林生态系统净化大气环境价值量为 4.79 万元/（hm²·a），见表 14-34。

潘安湖采煤塌陷地湿地公园净化大气环境实物量及其价值　　　　　　　表 14-34

项目	幼龄林	中龄林	近熟林	合计
林分面积（hm²）	116.84	140.87	15.29	273
吸收 SO_2 量（kg/a）	17774.87	21430.55	2326.07	41531.49
吸收 SO_2 价值（万元/a）	48525.39	58505.41	6350.16	11.34
吸收氟化物量（kg/a）	300.28	362.04	39.30	701.62
吸收氟化物价值（元/a）	807.75	973.88	105.70	1887.33
吸收氮氧化物量（kg/a）	701.04	845.22	91.74	1638
吸收氮氧化物价值（元/a）	1142.70	1377.71	149.54	2669.95
滞尘量（t/a）	2530.75	3051.24	331.18	5913.17
滞尘价值（万元/a）	544.11	656.02	71.20	1271.33
提供负氧离子量（10^{21} 个/a）	1.0	1.21	0.13	2.34
提供负氧离子价值（元/a）	3201.69	3860.16	418.98	7480.83
降低噪音价值（元/a）	105156	126783	13761	245700
森林净化大气总价值（万元/a）	560.00	675.17	73.28	1308.45

7）森林防护

森林防护的实物量折算为牧草产量，牧草价格采用 1.3 元/kg，计算出潘安湖采煤塌陷地湿地公园森林防护总价值 211.46 万元/a，平均单位面积森林防护 0.77 价值万元/（hm²·a），见表 14-35。

潘安湖采煤塌陷地湿地公园森林防护价值　　　　　　　表 14-35

项目	幼龄林	中龄林	近熟林	合计
林分面积（hm²）	116.84	140.87	15.29	273
森林防护实物量（kg/hm²·a）	5870	5890	6110	17870
森林防护价值（万元/hm²·a）	89.16	107.86	12.14	209.17

（3）美景度与游憩价值

根据参与者对潘安湖内不同林分类型景观效果的评分结果，从 40 个植物群落中筛选出得分较高的 6 组植物群落景观，依次为水杉 + 芦苇 +

| 86.53 | 83.62 | 82.23 |
| 77.54 | 71.27 | 68.87 |

图 14-51　潘安湖采煤塌陷地湿地公园不同植物群落美景度

荷花 > 水杉 + 芦苇 > 木兰 + 芒 + 荷花 > 香樟 + 荷花 > 木兰纯林 > 栾树重阳木阔叶混交林,其 SBE 值分别是 86.53、83.62、82.23、77.54、71.27、68.87(图 14-51)。潘安湖采煤塌陷地湿地公园内总体景观效果较好,其中水杉 + 芦苇 + 荷花的评分较高,主要是由于该群落同时包含了旱生、临水与水生三种生活型植物,每种植物排列高低错落有致,挺水的荷花与浮水的睡莲构成了近景,临水的芦苇构成了中景,远处耸立的水杉构成了远景,并形成了起伏变化的"天际线",且植物色彩丰富、形态各异,该配置在丰富景观元素的同时,增强了生态稳定性。木兰纯林与栾树重阳木阔叶混交林在景观美学评价上稍次于前面 4 种模式,这可能是因为缺少水生植物,景观元素相对较少,且在层次上不够鲜明,导致评价值相对较低,但总体上植物种类丰富、树形饱满,故也被大众所接受。

本研究在典型样地调查法的基础上,采用旅行费用法对潘安湖采煤塌陷地湿地公园的旅游总收入及森林景观状况进行了分析,得出潘安湖采煤塌陷地湿地公园单位面积平均旅游价值为 9735 元 /(hm² · a)。根据潘安湖采煤塌陷地湿地公园的森林面积 273 hm²,计算得出其森林游憩价值为 265.77 万元 /a,单位面积森林游憩价值量为 0.97 万元 /a,见表 14-36。

潘安湖采煤塌陷地湿地公园生态系统游憩价值　　　　　　　　　　　　表 14-36

项目	幼龄林	中龄林	近熟林	合计
林分面积（hm²）	116.84	140.87	15.29	273
森林游憩价值（万元/a）	113.74	137.14	14.88	265.77

（4）社会效益

一是促进区域旅游产业快速发展。生态的改善，使生态休闲农业与旅游业相伴而兴。潘安湖湿地成功创建成国家 AAAA 级景区、国家湿地公园、国家级水利风景区、国家生态旅游示范基地、国家湿地旅游示范基地，成为淮海经济区一颗璀璨的生态明珠。贾汪区在改变生态的实践中也打响了生态旅游牌，先后建成了卧龙泉生态博物园、墨上集民俗文化园、茱萸养生谷、龙山温泉等一批生态休闲观光项目，唐耕山庄、织星庄园等农家乐项目别具浓郁的地方特色，大洞山风景区、紫海蓝山薰衣草文化创意园也已成为周边百姓休闲度假的常去之处。2010 年前，贾汪区没有一家旅行社，也留不住游客。眼下已有国家 4A 级景区 4 家、3A 级景区 1 家，四星级乡村旅游示范点 11 家。得益于此，马庄旅游产业快速兴起，香包、民宿、农家乐、园林绿化等产业带动了近 500 多名村民就业。

二是增强区域开发引力。2017 年，恒大集团携手徐州政府，把潘安湖景区倾力建设成"景城一体"的文化旅游小镇。徐州恒大潘安湖文旅小镇依托潘安湖天然湿地资源，与马庄香包文化特色小镇有机融合，引入高端居住、休闲度假、娱乐体验、商务会议、主题酒店、健康运动等七大特色功能，打造徐州地区首个生态度假综合体。规划发展目标预期形成 10 万常住人口、2 万个工作岗位，打造 10km 滨湖生态线路、350 万平方米生态广场和公园。

三是促成潘安湖科教创新区的开建。2017 年 11 月，潘安湖科教创新区已经开建，目前进驻的学校有江苏师范大学科文学院，和徐州幼儿师范高等专科学校。另外潘安湖科教创新区与南昌大学研究生院、河北工业大学研发中心等大学和科研机构已达成入园协议。上海大华、绿地香港等项目先后入驻潘安湖区域，带动了贾汪区教育、人才资源的整合，推动了城市转型发展，提升了贾汪城市品质。从土地综合利用的角度看，在采空区上建设大学新校区这种变废为宝的做法，相当于又为当地增加了可用土地。事实上，徐州对采煤塌陷地的治理，并非简单意义上的"指标增减"，而是着眼于恢复绿水青山、盘活土地资源的矿地统筹综合治理模式，把历史包袱转化为生态建设和经济社会建设的资源优势，让其成为促进老工业基地高质量转型发展的动力。

潘安湖的治理就是习近平主席十九大精神的最好的诠释，完美的落地，随着习主席的考察，潘安湖也会成为环境改造的范例，在全国得以更全面的推广。如果把新亚欧大陆桥看作一带一路的主轴，江苏徐州无疑是这条主轴上最重要的节点城市之一。美丽的环境建设，使徐州驶上"一带一路"快车道。

14.5　绿地提升

14.5.1　修复措施

徐州市市区公园绿地存在"南多北少，四周多，中心区少"的问题，这种不均衡性影响到市民生活环境的改善和国家生态园林城市建设（图 14-52）。近几年来，市政府坚持以人为本，按照市民出行 500m 就

图 14-52　徐州市
2015 年公园绿地
服务半径覆盖图

图例
公园绿地
服务半径覆盖
公园绿地
水系
道路
建成区

有一块 5000m² 以上的公园绿地的目标，结合棚户区、城中村改造，进行城市空间梳理，重点布局老城区等绿化薄弱地区。2013~2014 年间，从收储的土地中拿出 50 多个地块用于公园绿地建设，城市北部公园绿地面积大幅增加，城市绿地分布更趋平衡。

对彭祖园等一批老旧公园进行了改造提升，凸显自然山水格局，减轻人工化痕迹，考虑居民的使用需求，完善景区配套服务设施。在此基础上深入挖掘地方历史文化，将生态修复与彰显地方文化特色相结合，使徐州真正成为一座"看得见山水，记得住乡愁"的魅力城市。

14.5.2　典型案例

1. 工程概况

徐州市彭祖园始建于 1976 年，占地面积 540 亩，因景区位于徐州市南郊风景区，筹建时称南郊公园。1984 年扩建园林时，易名为彭园。2004 年 11 月，再次被徐州市地名委员会更名为彭祖园，为大力传承和弘扬徐州作为"彭祖故国"的城市地标文化奠定了主题。

2. 总体目标与定位

经多年来的不断建设，彭祖园景区已发展为一处主题鲜明、特色突出、功能显著的大型综合生态园林。作为彭祖文化的集萃地，彭祖园应在此基础上，延续城市文脉特征，强调公园与整个城市自然景观环境的一体化，凸显以自然山水为格局的城市形象。

以生态保护为前提，以彭祖文化为主题，依托自然山水资源，集中展示彭祖之"尊重规律、师法自然"的文化精髓。对原有"人工化"景观资源予以"自然化"改造，对"大众化"管理模式予以"示范化"提升，对"程序化"服务方式予以"人性化"转换，成为彭祖园在景区建设中着力实施的全新发展目标。

3. 实施方案

围绕景区特有的自然山水构架、空间形态，因势利导，对各区域进行有针对性的改造设计，形成两轴、五景区的总体景观布局。高起点规划，高标准建设：

（1）彰显文化主脉

对景区内彭祖文化资源进行全面修饰提升，完成不老潭景区的景观打造、彭祖像提升、福寿广场改造、福寿文化字刻景观打造、彭祖井、彭祖祠与大彭阁保护性建设等，使得景区彭祖文化内涵得以深入挖掘和有力彰显（图 14-53）。

（2）优化自然环境

彭祖园景观提升工程用地总面积 281579m²，其中绿化面积达191397m²，绿化覆盖率达到 95% 以上。在绿化景观提升工程中，按照科学配置、崇尚自然、优化布局、联系空间的原则，在原绿化构架的基础上充实提高，注重常绿植物的配置增加（图 14-54）。

（3）提升休闲步道

为在景区内形成更为科学的慢行交通系统，对原景区道路系统进行了全面升级，提升后的道路系统包括 1800m 长的环山林荫路和近4000m 长的各类游步道。在构建景区慢行交通系统的同时，形成了较好的近自然生态景观效果。

（4）净化公园水质

为达到水质生态净化的目标，此次景观升级过程中，在不老潭内不仅种植了丰富的水生植物，如黄菖蒲、芦竹、水生鸢尾、蒲苇，还放养了分解消化浮游生物的鱼类，建立起了水质净化自然生态链，使水质达

图 14-53　不老潭改造前后对比

图 14-54　改造后彭祖园全景图

到国家Ⅱ类标准。

（5）建立节水节能体系

为努力实现节约型园林绿化建设的可持续发展目标，景区在水电节能处理上做了进一步建设改进，效果明显。景区水体采取"雨水收集、中水利用及生态净化"的节水模式，应用雨水收集系统增加湖水补给；使用市政污水处理循环中水补充水体；建设草沟、渗滤地、生态绿地带等雨水设施，对地表径流加以净化和改善。此外，在照明材料使用上选用了LED新技术灯具，节约了近2/3的电力能源。同时，还结合道路引导需要，安装了适量太阳能灯具，为景区节能减排创造了有利条件。

（6）完善管理系统

统一规划－建设－管理综合体系，采取"管理区域无接缝、管理时间无接缝、管理人员调配无接缝"的方式，从环境管理、秩序管理、安全管理、绿化管理、效能建设等方面，对园区各类服务设施和工作人员实行24小时全天候的综合式管理，形成高效的反馈整改机制和完善的综合管理体系，确保在提升景观效果的同时实现管理维护水平、文明服务标准以及生态环境质量的同步提升。

4. 修复效果

"尊重规律、师法自然，以人为本、生态优先"，是保证项目建设取得成功、实现可持续发展的一个重要前提，是促进彭祖园景观保护性升级、改善人居环境的有效手段。彭祖园已逐步构建成"融汇自然山水之秀、彰显地方人文魅力"的生态旅游景区，充分体现了景区"近自然"建设的社会效应，向世人展示了徐州开放包容的生态宜居城市形象。

有效改善环境：彭祖园景观提升作为市政重点工程，按照优化布局、联系空间、完善功能的原则，在已建成的山、水、路、绿总体格局的基础上完成了进一步提升：优化了植物配置，提升了绿化品质，完善了便民设施，有效改善了周边地区环境。

推动社会文化发展：景区绿地是城市的起居空间，是周边居民的主要休闲、游憩场所，园内花草树木为人们营造了清新美丽的生活氛围，自然山体、生态游步道等配套设施为居民创造了优良的户外活动条件（图14-55）。从而进一步突出了景区作为城市绿地的公益属性，

图 14-55　公园内市
民活动

体现了政府还绿于民措施的执行力，对维护社会和谐稳定起到了积极
作用。

　　带动区域旅游经济：景区作为城市的主要绿色空间，在改善环
境、带动提升区域经济绿色 GDP 指标的作用和功能上，显得格外重要。
"十二五"以来，彭祖园景区年经济创收超千万元，在全市园林旅游行业
创收中位居前列。对所处的泉山主城区区域综合实力提升、经济社会健
康发展做出了积极贡献。

　　编写单位：徐州市徐派园林研究院

　　《潘安湖采煤深陷地生态修复案例》编写人员：张亚红、杨瑞卿、关
庆伟、于水强、葛之葳、孙晓丹、秦飞

　　《金龙湖珠山采石宕口生态修复案例》编写人员：刘晓露、关庆伟、
于水强、葛之葳、孙晓丹、秦飞

第15章

福州城市生态系统修复工程

15.1 生态概况

福州市区盆地地形特征明显，地势西高东低，从外缘向盆心呈层状下降。北部有鹫峰山脉，向东南蜿蜒伸展；南部有戴云山山脉，向东呈阶梯状下降。盆地外缘的山地区，有海拔 600～1000m 的鼓山、莲花山、旗山、五虎山等，形成"西旗东鼓、北莲南虎"的空间格局。盆地内有有高度 120～200m 的高盖山、金鸡山、金牛山等低缓的丘陵分布，山峰耸峙。闽江自西北横贯市区，流入盆地后受南台岛的阻挡首分而尾合后东流入海，将盆地分割为江北平原、南台岛和乌龙江南岸平原三部分。城内百河纵横、群山耸立，分布均衡。上述地理要素构成了福州"枕山襟江、内有群峰、碧水东流、湿地密布、水网纵横"的自然本底特征。

15.2 生态评估

15.2.1 山体

城市外围山体空间因项目无序开发、基础设施建设及不规范取土采石等行为受到较大破坏，局部山体结构受到不可逆转的损害，致使区域生态基质空间被不断侵蚀，对整体生态保护格局影响较大。

市区内部山体因优良的景观资质大多存在建设项目上山，山体绿线被侵占的问题，致使城市内部主要生态斑块空间减小，生态功能下降（图 15-1）。

图 15-1 城市内部山体空间被侵占

图 15-2　重要湿地空间被侵占　　　　　　　　　　　图 15-3　城市内部河流被阻断

15.2.2　湿地

过度开发和不合理的利用导致沿江近海湿地生态环境被破坏和退化，河漫滩、湿地等被填平为建设用地的现象时有发生。围垦养殖，民房侵占等行为致使湿地生态空间锐减，许多生态地位重要的湿地和有重要价值的繁育地遭到破坏，区域核心生态斑块空间遭到破坏（图 15-2）。

15.2.3　水系

城市内部河流被填埋，盖板、侵占现象严重，河流两侧绿线被侵占现象普遍，水面率大幅下降，河流断头现象增多，水系连通性大大降低，致使城市主要生态廊道连通性降低，城区水安全隐患加大，区域整体生态格局受到影响（图 15-3）。

15.2.4　棕地

福州原有的水路运输正被发达的陆路交通体系所替代，原有的造船厂及码头需对其进行统一规划整改，再利用比较单一。原有规划的建筑垃圾、生活垃圾填埋点正被快速发展的城市新增规划用地所包围，生态防护距离红线不断被突破，急需通过可持续性的统一规划改善生态环境。棕地清理难度大，难度大，责任人不明确（图 15-4）。

15.2.5　绿地

截止至 2016 年年底，福州市建城区总用地面积约 265.33km²，总

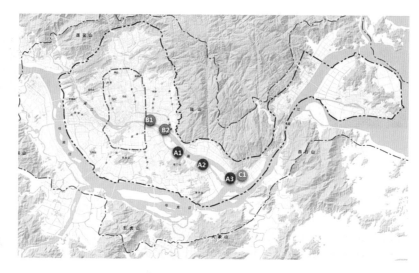

图 15-4 福州市棕地
分布图

人口 249.25 万人，人均建设用地 106.45m^2。建成区范围内绿地总面积 10772.84hm^2，绿化覆盖面积 11639.0411639.04 hm^2，公园绿地 3507.25 hm^2，生产绿地 182.8 hm^2，防护绿地 4221.11 hm^2，附属绿地 2864.6 hm^2。城市绿地率为 40.6 %，绿化覆盖率 43.87%，人均公园绿地面积 14.07m^2/ 人。受各区行政划、地理位置、面积、人口、城市发展水平等因素影响，各区城市绿地发展水平差异较大。城市公园绿地功能体系需要进一步丰富、完善。滨水绿地总体建设情况良好，形成了丰富的滨水绿地景观带（图 15-5）。

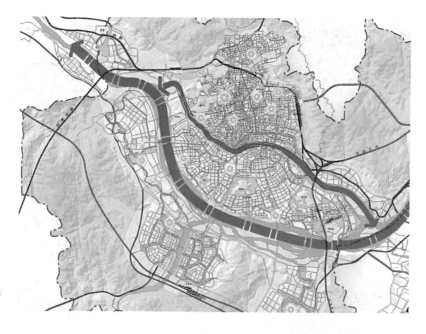

图 15-5 滨水绿地结
构示意图

15.3　制定方案

福州市人民政府于 2017 年 8 月印发了《福州市生态修复城市修补工作方案》的通知，全面推进"城市双修"试点工作。

15.3.1　工作目标

重整自然环境，提升福州市城市生态环境；重铸宜居品质，满足福州市人民的民生需求；重塑文化名城，增强福州市人民的文化认同；强化建设管理，提升城市治理水平。通过"城市双修"工作，推动福州市城市转型发展，增强人民群众的获得感。

到 2018 年底，推进一批有实效、有影响、可示范的"城市双修"项目，初步解决城市和人民群众的迫切需求。

到 2020 年底，"城市双修"工作初见成效，被破坏的生态环境得到有效修复，"城市病"得到有效治理，城市基础设施和公共服务设施条件明显改善，环境质量明显提升，城市特色风貌初显。

15.3.2　生态修复工作内容

1. 生态评估

采用现场踏勘、问卷调查、部门访谈等形式，开展城市生态环境评估，对城市山体、水系、湿地、绿地等自然资源和生态空间开展摸底调查，找出生态问题突出、亟需修复的区域。

2. 规划编制

编制《福州市生态修复城市修补总体规划》和《福州市生态环境修复专题研究报告》，系统梳理、总体统筹部署行动计划和实施方案，确定生态修复试点区域，形成生态修复项目清单。

3. 项目实施

（1）山体修复

针对山体生态环境退化问题，分析山体破损原因，明确治理模式，提出具体的措施和方法，通过规划管控和生态工程修复，消减山体的安全隐患和生态问题，恢复山体生态系统对城市的服务功能。

（2）水环境修复

开展水系综合治理（内涝治理、黑臭水体治理、污染源治理、水系周边环境治理）、生物多样性恢复、河道修复等方面工作，实现中心城区水系"水清、河畅、安全、生态"的总体目标。

（3）绿地系统构建

修复城市生态网络中的廊道和重要节点，完善结构性绿地布局。在"全民动员、绿化福州"工作的基础上，通过加大榕树应用、广植茉莉市花、绿化改造提升、林荫大道建设、公园提升改造等方面工作，显著提升福州市绿化水平，彰显城市特色，努力将福州建设成为"树在城中、城在林中、人在绿中"的国家森林城市和国家生态园林城市。

（4）城市生态公园建设

充分发挥"生态美"的资源禀赋优势，按照科学选址、突出便民、注重品位的原则，在各区启动建设"高起点规划、高标准建设、高水平管养"的生态公园。把福州打造成一座"天然绿色生态氧吧"，进一步满足老百姓休闲、娱乐、健身等方面需求，不断增强人民群众的获得感和幸福感。

15.4 生态修复

15.4.1 山体修复

1. 修复措施

山体修复重视山体的改造和保护，针对侵占山体绿线、青山白化、采矿破损、基础设施建设破损、其他建设导致等造成的山体破坏。

山体破损的类型各有不同，其绿化恢复的方法也不尽相同。山体生态修复方式主要有：（1）逐步清理占据山体绿线的各类单位和民居，宜遵循"山上的住户要下山，山边的建筑要离山，山下的草木要上山"的原则，逐步恢复山丘地貌的自然特征和原有风貌。（2）依据山体裸露的位置分布、面积大小、土质情况的差异等呈现不同的特征，有针对性的将已裸露地区的恢复性治理、美化。（3）治理"青山挂白"现象，恢复山体风貌。

2. 典型案例——福州火车南站东广场山体修复

福州火车南站位于福州市仓山区城门镇胪雷村东侧，由于主站房、地铁、东广场等基础设施建设，通过爆破和人工修整，将原有山体割裂开，原有山体植被面貌被严重破坏，严重影响火车南站城市窗口景观形象。地质安全、岩石外露、土壤贫瘠、山体复绿将成为山体修复难点与重点。山体修复方式：（1）依据山体自身条件及受损情况，采用锚杆边坡支护方式，确保坡体稳定和结构安全。对破损裸露山体，采用生态袋进行坡面防护，三维排水联结扣将生态袋牢牢相连。（2）在生态袋表面采用客土喷播方式复绿，施工迅速、快捷，植被种子选择范围广，成本相对较低，是草本和灌木最常用的播种方式，景观效果良好。山体高边坡约46m，总面积约1.73hm²，分三层进行客土喷播，选用不同的喷播种子比例搭配，以达到景观的多样性和丰富性。（3）在坡面上按2m×2m梅花形围坑，围出0.5m宽×0.5m深种植坑，选择耐旱耐瘠薄且生长恢复情况良好的刺桐种植。火车南站东广场山体修复前后对比图，如图15-6所示。

图 15-6　火车南站东广场山体修复前后对比图

15.4.2　内河水系综合治理

2009 年，福州市制定了《福州市城区内河综合整治行动计划》。2010 年，成立福州市内河综合整治总指挥部，由市城乡建设委员会牵头，市容、水利等部门配合，将白马河作为整治试点，先行启动整治，总结协调、整治、管理经验。对全市涉河规划再次全面梳理，逐步补充、完善，包括：《防洪排涝规划》《生态补水完善规划》《绿道建设规划》等。2011年，全面启动第一批75条内河的整治工作，由市直部门和各区共同实施，以市直部门为主，并指导各区实行，至当年年末时白马河、安泰河等河道基本完成整治。

2012年，内河综合整治任务逐步由各区为主开展，市直部门除继续完善此前在整治的河道外，需将工作重心向研究后期管理方面。计划组织相关人员赴国内其他与福州类似的城市开展调研，并启动《内河管理办法》的修订工作。

2013年，是福州市内河综合整治进入全面攻坚阶段。主要完成工作包括：完成《内河管理办法》的修订工作，理顺管理机制，已经完成的河段逐步开展移交管理。同时，结合城市地下管网的新建改造，初步实现全市内河去黑除臭，水质相比整治前有明显的改观。

经过4年多的努力，福州市内河整治共完成投资约47.1亿元（其中房屋征收投资约37.8亿元），白马河、晋安河、安泰河、东西河、新西河、新店溪等15条河道整治已基本完成。完成清淤100万立方米，城区河道基本恢复通畅；累计铺设沿河截污管道约85.7km，接驳沿河排污口3349个，已建成的截污管网占总计划的55%，污水入河的趋势得到遏制，已完成截污河道水质明显改观，初步实现去黑除臭；同步拆迁、安置、改造沿河旧屋区超过150万平方米；新建改造沿河公园、绿地约184万平方米，新形成73.6km滨河绿道，沿河整体环境显著改善。白马河、安泰河、晋安河等滨河步行道及公园已初具城市慢生活空间雏形。福州市内河综合整治工作荣获2012年度全国人居环境范例奖。

治理措施主要包括以下几个方面：

1. 高水高排

实施江北城区高水高排（即江北城区山洪防治及生态补水工程），将山洪拦蓄后通过隧洞直排闽江，大幅削减进入城区的山洪，实现外水外排；平时引闽江水进入城区，改善内河水质。

2. 扩河快排

通过实施晋安河、光明港、光明港一支河等主通道的清淤、清障、挖深、局部卡口拓宽等工程，扩大过水断面，增大过流能力，降低内河涝水位，减少淹没范围、缩短超标涝水淹没时间。近期重点项目为晋安河清障、清抛石、挖深、驳岸固脚，使晋安河过流能力提升到约达 10 年一遇标准（高水高排投用后）。

3. 分流畅排

通过对江北城区晋安河流域上游较大支流及末端河道的洪涝水分流，缓解上游五四片区、福州火车站南北广场及洋下片区的内涝压力，分担晋安河排涝流量，加速晋安河涝水排入闽江。

4. 泵站抽排

对现有老旧排涝站进行技术改造或扩容（江北城区 3 座，南台岛 3 座），对排涝能力不足的区域新建排涝泵站（江北城区 1 座，南台岛 5 座）。

5. 水系连通

通过水系连通，打通断头河，提升排涝能力，加快水体流动。

6. 蓄滞并举

采用海绵城市建设理念，建设五个湖体、三个滞洪区、二个调蓄池。

7. 水土保持

通过城区下垫面改造，控制土地开发利用，严禁违法无序开发，强化北部山地的水土保持、植被恢复，从源头上控制、削减、滞缓暴雨洪水。

8. 科学调度

组建水系统一调控机构，建立暴雨洪涝水及灾害监测预警系统，绘制内涝风险图和防汛指挥图，打造城市智慧排涝防涝系统。通过统一调控，实现城区湖、库、闸、站、河联调联排，充分发挥截、蓄、排、分各工程效益，提高排涝调度水平。

9. 建章立制

进一步完善城市规划控制、排水排涝工程设施管理、内河管理、清淤管理、易涝点责任制、河长制等，提高维护管理水平（图 15-7）。

15.4.3 湿地修复

1. 修复措施

湿地修复中应该保持该区域的独特的自然生态系统并趋近于自然景观状态，维持系统内部不同动植物种的生态平衡和种群协调发展，并在尽量不破坏湿地自然栖息地的基础上建设不同类型的辅助设施，将生态保护、生态旅游和生态环境教育的功能有机结合起来，实现自然资源的

图 15-7　内河水系综合治理

合理开发和生态环境的改善，最终体现人与自然和谐共处的境界。

2. 典型案例——花海公园

花海公园位于福州仓山区环南台岛北面中段，闽江北港南岸，鼓山大桥两侧防洪堤外，紧邻南江滨西大道与海峡国际会展中心，属于重点景观设计区域。该区域内原生状态下有"水生动物＋两栖动物＋微生物＋鸟类＋水生植物群落"的生物群落体系，该体系既受水体环境的影响又受江岸立地条件的改变的影响，属于易变敏感区域，因此在规划建设过程中须充分考虑建设对其产生的影响，尽量保持、完善这一生态体系；生态基地内同时存在有耕作活动形成的农业生态体系，由于这种活动原处于自由状态，只为减灾防害和提供食物，形成了相对无序的景观效果，在保证安全的情况下，是建设改善的主战场。花海公园栖息地修复方法：

（1）设计深入分析场地现有的生态敏感性，并区别对待；区域内原生状态下的生物群落体系受制于江岸立地条件的改变，属于易变高敏感区域，可借不可进，在规划建设过程中最大限度的保留场地及原有的潮间带植物。东侧的自然湿地全线保留，并利用现状水塘形成人工灌丛湿地，共约 35hm² 的城市湿地景观斑块，多样的湿地景观类型，有效保护园区内原有的生物群落，并成为多种水鸟集中栖息地，生物多样性得到进一步加强。

（2）保留基底和原生环境，减少干扰。建成后的场地基本保留了原

图 15-8 花海公园改造前后平面对比图

场地肌理和格局，同时，保护湿地与生物的多样性。

（3）科普与公众参与。融入湿地科普活动，加强游人参与性、体验性，也让大众了解湿地知识、感知湿地氛围，以此来呼吁更多的人参与到保护湿地、维护生态的行列中来。

花海公园改造前后平面对比图如图 15-8 所示。

15.4.4 棕地修复

1. 修复措施

福州市历史上由于作为海防前沿城市，主要棕地类型表现在货运码头，中小型造船厂及生活垃圾填埋场，建筑弃土堆放地等方面。

2. 典型案例——牛港山

牛港山中央公园北至潭桥路，南至化工路，纵三路以东、前横路以西，包括牛港山山体及中央绿地两大部分，选址面积 51hm²。该区域山体植物种类单一，长势较差；植被破坏严重；现状山体，因道路施工等建设，山体开挖严重，土方大量堆积，不利于后期建设；用地周边建筑性质较复杂且建筑拆迁量大；文脉特征薄弱，现状山体上没有特别突出的文化资源可以挖掘利用；规划范围内墓地数量多达上百处，对公园的建设也产生了一定的干扰；周边城市基础设施有待完善。基于以上基本

图 15-9　牛港山改造前后平面对比图

情况，采取以下棕地修复方式：主要建设内容包括废弃土堆体边坡整形、封场覆盖系统、渗沥液收集导排及处理系统、地表水收集导排系统、封场道路工程、封场维护、生态修复复绿及公园利用开发、辅助设施工程等。牛港山改造前后平面对比图，如图 15-9 所示。

15.4.5　绿化提升

运用海绵理念，优化自然植被和水体等资源；选点临近居民区，依山、临水、环湖；注重原生地貌及植被保护，减少对生态系统的破坏；融入地方历史文化元素，彰显文化底蕴，突出当地特色；设置停车场、公交站、休息驿站、书吧、公厕等服务便民设施。

1. 内河水系串珠式公园建设

2017 年以来，结合城区水系治理项目，在内河沿岸建设串珠式公园绿地。以沿岸步道和绿带为"串"，以有条件、可拓展的块状绿地为"珠"，串绿成线、串珠成链，打造水清、河畅、岸绿、景美的内河景观（图 15-10）。目前，已在市民家门口建成串珠公园 168 个，滨河绿道300 多公里，新建和提升公园绿地 2500 多亩。

2. 绿道建设

绿道建设以生态、自然理念，发挥福州山、水优势，彰显山、水特色，对山体、水体、绿化进行修复整合，建设 12 条"无障碍"休闲步道和 12 个生态公园，打造最美晋安河，联通西湖左海，改造提升冶山公园、屏山公园，建设提升公园绿地 8000 多亩。

图 15-10　串珠公园

　　在城市园林绿地迅速增加的基础上，按照环城达山、沿溪通海、绿道串公园、顺路联景点的总体思路，加速推进城市生态休闲绿道建设（图 15-11），共建成金牛山森林步道、金鸡山揽城栈道等 280 多公里，建成绿道 406 公里。

图 15-11　绿道建设

图书在版编目（CIP）数据

城市生态修复工程案例集／住房和城乡建设部城市建设司，住房和城乡建设部科技与产业化发展中心组织编写. —北京：中国建筑工业出版社，2019.10

（公园城市系列丛书）

ISBN 978-7-112-24422-5

Ⅰ.①城… Ⅱ.①住… ②住… Ⅲ.①生态城市－城市建设－案例－中国 Ⅳ.①X321.2

中国版本图书馆CIP数据核字（2019）第245914号

责任编辑：李慧　李杰
书籍设计：张悟静
责任校对：张惠雯

公园城市系列丛书

城市生态修复工程案例集

住房和城乡建设部城市建设司
住房和城乡建设部科技与产业化发展中心　　组织编写

*

中国建筑工业出版社出版、发行（北京海淀三里河路9号）
各地新华书店、建筑书店经销
北京锋尚制版有限公司制版
北京建筑工业印刷厂印刷

*

开本：787×1092毫米　1/16　印张：17½　字数：287千字
2020年2月第一版　2020年2月第一次印刷
定价：180.00元
ISBN 978 - 7 - 112 - 24422 - 5
（34842）